中國兵學大系

【02】

李浴日◎選輯

孫子音注

《孫子音注》

孫子目録　浙江觧元鍾兵何守法分定

孫子十三篇舊定上中下三卷以始計至兵勢作上卷虛實至行軍作中卷地形至用間作下卷愚因昔稿刊行雖又音註未全乃詳加增改然猶慮其帙之厚重也特分爲六卷四方高明諒焉間將相並去聲帙音直易音亦少上聲

孫子卷一

浙江解元鍾吳何守法校音點註
門弟庠生三吳何守禮　標題
門生武舉紹巖王世盛
繼巖王世興
石宇伯崇爵
調宇陳廷和　同訂正

孫子十三篇源委

按吳越春秋云。吳王登臺。向南風而笑。有頃而嘆。群臣莫曉其意者。子胥深知王之不定。乃薦孫子於王王召孫子問以兵法每陳一篇王不知口之和善此孫子兵法所由始也史記云孫子以兵法見吳王闔廬闔廬曰子之十三篇吾盡觀之矣此兵法凡十三篇所由名也然漢藝文志又稱孫子兵法八十二篇杜牧亦云武書數十萬言魏武帝削其繁剩筆其精粹然則孫子之書豈果前之篇數煩多而今十三篇乃魏武註之而删定歟俱未可知但美之者如鄭厚則曰孫子十三篇不惟武人根本文士亦當盡心其辭約而縟易而深暢而可用論語易大傳之流孟荀楊著書皆不及也五

代張昭則曰戰國諸侯言攻戰之術其閒以權謀
而輔仁義先智詐而後和平惟孫子十三篇而已
宋儒戴少望亦曰孫武十三篇兵家之說備矣據
此三說後國子司業朱服校定七書以孫子為首
者或有見於此其剩之者如高氏子畧則曰兵流
於毒始於孫武其言舍正而鑿奇背義而依詐或
亦曰孫武以此干吳王而止於彊霸魏武所得於
武子至為精詳然終不能吞吳兼蜀據此二說後
遂議武子雖伐楚入郢亦有三失者本此或又曰
孫武事吳功顯赫若此而左氏不載必本無是人

乃戰國辯士作為是書妄相標指未可知也據此說則不惟疑十三篇非原書并孫子亦疑其無斯人矣謹皆存之俟考愚今無暇究十三篇之先後孫子之有無姑據其所作評之其書先計而後戰脩道而保法論將則曰智信仁勇嚴與太公之言脗合至於戰守攻圍之法山澤水陸之軍批亢擣虛之術料敵用間之方靡不畢具是以戰國以來用兵者從之則勝違之則敗雖一時名帥莫能出其範圍故歐陽文忠公撰四庫書目言註之者二十餘家今據集註與直解所列僅見漢有曹操唐

有杜牧李筌陳皥孟氏賈林杜祐宋有張預梅堯臣王晳何氏共十一家并鄭友賢遺書其張賁註劉寅謂止記大畧餘俱亡之矣近又有鄭霧本義楊魁講意趙本學註但諸說雖存矛盾者多第恐猶不足以發揚孫子之旨俾學者知歸縮變通也遂不揣鄙淺妄以蠡測之見折衷諸說僣為註釋於左以請益於四方高明云和易傳將間並去聲刪音山縟音辱易大音亦已音以舍音捨郢音影朏音忽擣音島晳音折霧音務盾音人上聲縮音朔蠡音離又音里

始計第一

此篇凡五節首兵者至察也是一頭次至

不勝。言君與大將經校於廟堂之上。而勝負可決。又次至去之。言大將選用裨將。而授之以計。又次至於先傳也。言因利制權之妙。末則總結前文。多筭勝。少不勝。以見計為要也。夫兵貴萬全。不宜浪戰。君將用兵之初。能先知彼我情狀。計定而後戰。則戰無不勝矣。若臨機制變。在於將之自裁。安可揄度乎。故以始計為第一篇。夫音扶 [illegible]去聲

揄與遙同 度音鐸

兵者國之大事

孫子曰。兵者國之大事。死生之地。存亡之道。不可不

經事校計索情

察也故經之以五事校之以計而索其情一本子上有武字一本曰上有武字又篇皆同詳之索音色蘇各切下同註同

此節總戒君將乃一篇之大旨句語與龍韜論將章相同孫姓子尊稱之辭名武齊人仕於吳其詳載史記傳中國之大事左傳指祀與戎此只言兵耳大字意且虛死生以戰陳勝負言地猶所也言至此地不死則生也存亡以國家得失言道猶法也言行此道不存則亡也二句正見爲事之大察詳審也不可不察者欲君將之慎重也經理也五事即下道天地將法也爲兵之當用故曰事校量

也計乃七計即下文主孰有道七句也未戰而先
筭故曰計雖有七計實計五事而非兩端也索搜
求也情彼我之情也此言有國者不能無兵兵之
戰也死生存亡所係苟不審察而慎用之必有死
亡之禍豈不爲大事乎故須以五事七計經校於
廟堂之上而索其彼我之情見可則進知難則止
庶兵生而國存矣死生之地如趙之四十萬衆盡
坑於長平存亡之道如苻堅舉國長驅一敗而國
隨以喪之類或曰經常也如中庸之九經言五
事爲治國之常道也覺文義不順又曰經度也如

道天地將法

詩云經之營之言以五事度之於己也覺與校字同又曰經猶本也經經緯也更牽强俱不可從傳更並去聲陳與陣同度音鐸强上聲

一曰道二曰天三曰地四曰將五曰法將去聲篇內皆同

此五事之目詳見於下夫用兵以人和爲本惟有道可以伐無道故先之以一曰道天時不順師何以興故次之以二曰天地利不得戰何以濟故又次之以三曰地三者具矣而舉之不可以無將故繼之以四曰將將雖能矣而行之不可以無法故終之以五曰法其序有如此非渾言者比也見音現夫

道者令民與
上同意

音扶

道者。令民與上同意。可與之死。可與之生。而不畏危也。令音零平聲讀。去聲非註同

此解上文一曰道。令。使也。民者。對君而言。上。即君也。意。心之所發同相合無間也。畏。憂懼也。危。艱險也。作危疑危亡說非。所謂道者。君之於民能感之以仁恩教之以禮義使知尊君親上。凡有舉動。與上同心。而不忍違背雖危難之臨。亦必捐生以赴之。而無畏懼者是矣。可與生死二句。生字帶言。總是見危致命。付生死於不計意。此乃經之以道也

與上同意如武王有臣三千人惟一心之類死生不畏危如晋陽之圍沉竈產蛙民無叛意睢陽之守羅雀掘鼠保障益堅之類○或曰道者仁義禮智孝悌忠信之謂雖通覺全在性上言恐於用兵欠切或曰道機權也覺又忒輕或曰道乃義所當行適於人心者覺又爲淺或曰道者道之以政令是以道作引導之導恐虛或曰道治國之道也恐晦歷觀五說除首說餘四說俱以孫子爲兵家者流未精大道故淺淺言之豈知天下之道一而已矣欲得人同心致死豈易感哉觀曹劌之論戰以

察獄爲可荀卿之論兵以仁爲尚犯亦曰當先教之以禮義信而謂孫子不知大道可乎愚意不同者特誠僞之分故王霸之業所由異也（問難並去聲睢音雖政令之令亦去聲巳音以劌音貴）

天者陰陽寒暑時制也

此解上文二曰天陰陽以天象言非止時日支干孤虛旺相乃星雲風雨之類也寒暑以時令言即暑雨祁寒之月也時制者言二者於時有宜與不宜興師者當因時制宜不可違之以取敗此經之以天也大抵天官時日明將不法孫子欲人制宜

者特以始計之時師衆未集因其不順而止之亦可也若臨敵決戰人事克脩彼國無道則非所論矣彼歲星在越又云此年歲在星紀星紀乃吳分也歲在有福吳與越德均勢敵欲呑滅之而先用兵故反受殃吳兵不宜輕舉也乃逆天伐之故三十六年之後反見滅於越此不順陰陽而致敗者也漢高入關之初歲在東井東井秦分漢亦未可伐秦也而能滅之者因始皇暴虐胡亥嚴刑故也漢征匈奴士卒墮指馬援征蠻士多疫死此不順寒暑而受害者也孔明五月渡瀘李愬雪夜入蔡乃能服孟獲擒元濟者亦以孔明懼付託之不

效李愬攻人之無備也。觀此則天時不足憑而人貴知變通明矣。厥後宋劉裕以往亡日而破慕容超於廣固。魏王珪以甲子日而勝慕容麟於不疑。正有見於此。○或曰陰陽陰晦陽明也時制因彼國天時之得失而順之以制征伐也。或曰陰陽非天官時日兵家盡敵陽節盈吾陰節而奪之自有陰陽之妙耳。相令分並去聲

地者遠近險易廣狹死生也。易音異去聲註同

此解上文三曰地。凡所由所至安營決戰之處皆是也。遠近以地里言。險易廣狹死生以地形言。彼

將者智信仁勇嚴

迂遠則宜緩。切近則宜速。艱險則宜步。平易則宜騎。寬廣則宜衆。窄狹則宜寡。進退不得之死則宜戰。可以出入之生則宜守。用兵者。大率當因地之何如而經之也。此八者特言其槩。詳見行軍地形九地諸篇。昔馬援聚米爲山谷。指示進取隴蜀之狀。光武曰虜在吾目中。又若趙奢先趨北山。鄧艾竟走陰平。德威退軍鄗邑。劉裕喜過大峴。韓信陣於背水。孔明六出祁山。皆非知地不能也。〔騎去聲　鄗音皓　峴見音現〕

將者。智信仁勇嚴也。〔嚴音炎讀年非〕

此解上文四曰將。智者熟機權。識變通。非智則無以察人之情。信者號令一。賞罰明。非信則無以致人之服。仁者愛人恤物。而知勤勞。非仁則無以得人之心。勇者決勝乘勢。而不畏縮。非勇則無以作人之氣。嚴者軍政肅。而不敢犯。非嚴則無以懾人之志。故將宜備此五者。闕一不可也。然猶貴各適於用而不偏。蓋專任智則賊。固守信則愚。惟施仁則懦。純恃勇則暴。一於嚴則殘。天下之大將恐不如是。故有國者當經之也。五者以材言。或曰德者是未知材具於外。德蘊於中也。觀之太公以勇智仁信忠爲將之五材可見矣稽諸歷代若范蠡之謀吳晉文之退舍曹彬之約誓先軫之免冑穰苴之斬賈是皆得其一者惟孔明爲能全之即其草廬之談三分已定智也寧避敵鋒不留代兵信也力扶漢鼎志切救民仁也五月渡瀘深入不毛勇也廢李平廖立斬馬謖陳威嚴也此所以爲天下之奇才三國第一流歟自比管樂特謙志耳令舍並去

聲蠡音里冑音紂

穰音攘謖音速

法者曲制官道主用也

此解上文五曰法乃行軍之法也曲謂部分隊伍

五者將莫不聞

之別制。謂金鼓旌旗之節。官。謂偏裨列校之職。道。謂營陳糧餉之路。主。謂職掌軍資之人。用。謂器械車馬之物。此六者皆用兵者之所當經也。如吳起明法審令管仲制齊之法之類。或曰。部曲有制。分官有道。主軍費用也。此是作三者說。或曰。古之制軍五人爲伍。五十人爲隊。二隊爲曲。二曲爲官。二官爲部。二部爲校。此曲制官道。蓋言伍法也。用兵以伍法爲先。觀彼我所主用之法。而勝負見矣。此又是作伍法說。詳之。別音鱉　令去聲

凡此五者。將莫不聞。知之者勝。不知者不勝。

五者知之者勝

此是結經之以五事。五者指上道天地將法也。乃古人所常言。故將任閫外之責。凡有耳者。皆得聞之。知則深明變極之理於心。非徒聞而已也。與下知勝負知字意淺者不同。然智愚戒忽各因乎人。故又有知不知之異。而勝不勝之殊。必欲知之須校索之方可觀。下故校句自見。○或曰以五者觀人。又能自照。是知也。似與校意同。還是知前工夫未必真知否。安能制勝。已音以

故校之以計而索其情。曰主孰有道。將孰有能。天地孰得。法令孰行。兵衆孰強。士卒孰練。賞罰孰明。吾以

此知勝負矣。令去聲註同

此申言校計索情故校之句乃足上起下之辭曰者心口相語計而校之也孰誰也言彼我誰能如此也一曰字七孰字正乃是校計索情處主君也道即上令民同意之道也能即上智信仁勇嚴之能也天地即上天時地利也法軍法也令號令也行者設而不犯犯而必誅施之於下皆聽命也兵衆是兩軍之士非兵之衆多也強勢力盛大也士卒偏裨而下皆是也練閑習也凡金鼓旌旗開闔進退馳逐擊刺皆是練士之法明者賞罰當其功

罪不偏於讎怨親愛也知明也與上知之意深者
不同負敗也夫以此七計校於彼我之間而索得
其情則因情之優劣其兵之勝負可不戰而先知
也何也論勝負於將戰之際不若論於未戰之前
耳愚謂七計不過計上五事今云七者因增強練
明三句也然三句豈出於法之外哉孫子欲人之
慎用故特詳言之實非五事後又有七計也主孰
有道如韓信論項羽所過殘滅漢王秋毫無犯之
類將孰有能如漢王料魏將栢直口尚乳臭不能
當韓信之類天地孰得如孔明談曹操得天時孫

權得地利。又曹操不宜冬寒伐吳。馬謖不宜舍水上山之類。法令孰行。如吳起戮材士。穰苴斬莊賈。唐莊宗不能用劉之類。兵衆孰強。如齊楚秦晉之師。威壓隣敵。江黃陳蔡。每折北不支之類。士卒孰練。如李抱真守澤潞。訓民昭義兵。爲天下最。封常清詣東京募兵。旬日間得六萬人之類。賞罰孰明。如李光弼賜援矛刺賊者絹五百疋。迎賊不戰而却者斬之。又項羽使人有功當封。刻印刓。忍弗能予。漢元帝知恭顯殺蕭望之。不能正其罪之類。○或曰。兵。兵器也。衆。士衆也。此作兩端說。恐兵器止

可言利而不可強。當操並去聲夫音扶舍音捨穰音攘謖音速

將聽吾計用之必勝留之將不聽吾計用之必敗去之。

前將者將字指大將而言此將字乃偏裨之將也聽者智勇俱優樂於受善故能聽從也必勝者未戰而可保其勝也不聽者反是言人君與大將定計於廟堂之上則計已審矣裨將聽與不聽勝敗攸係用舍之間安可不決故當精選以充其任而節制之也將聽如郭愔與三十六人聽班超焚虜之計不聽如先穀不聽荀林父退師而強欲與楚

戰之類。○或曰將字平聲且然而未必之辭乃孫子謂吳將聽己之計否可以决身之去留蓋因相見之初故以此語激之求其專用也或曰闔閭行師多自爲將故孫子不言主而言將或曰孫子不敢斥其君故假將以泛言人君之聽否或曰此篇乃孫子教世之爲將者當因人君聽否爲去留也或曰軍中定計之人謂大將聽否也或曰不欲偏將叅其謀之意或曰將字當活看在君則指大將在大將則指偏裨俱未知孰是并録詳之。裨音卑後皆同

樂音洛舍強並上聲父與甫同

計利以聽
勢以佐其外
勢者因利制
權

計利以聽，乃爲之勢，以佐其外。勢者，因利而制權也。

利，便宜也。非利害之利，亦非速利之利也。下因利利字同。以聽，以字與已同。爲，設爲也。勢，奇譎之兵勢也，如旁攻後躡之類。佐，輔助也。外，對內言。計在於內，故勢張其外也。制，裁制也。權，稱錘也，隨物之輕重而往來者也。兵家反常應變之陰謀有同於此，故名之。夫五事計之於我，戰守既無不利，而裨將又已聽從，若可戰而勝矣。然無術以用之，雖勝未必萬全也。乃設爲奇譎之勢，以佐助於常計之外。然所謂勢者何也？蓋兵之勢不可先見，或因敵之害。以見我之利。或因我之害。以見敵之利。然後制爲機權以取勝也。信乎兵之常法。可以預計。而兵之利勢。須因乎敵耳。此後皆言權變。如韓信謀知陳餘不用左車絕糧之計。而得下井陘。是我之計利也。諸將皆諾破趙會食之令。是偏裨以聽也。乃敢使萬人先陳背水。又二千人疾入拔幟。明日方建大將旗鼓誘之。非因利制權而何。此之謂勢助於計之外也。若孔明之伐魏。其計利在據街亭矣。馬謖違其節制。是不能聽也。不量己之寡。務魏之強衆。乃舍水上山。是非惟不能爲勢。且不能制

兵者詭道

爲權變也勝敗之分以此○或曰計利以聽乃孫子謂吳王已聽從也或曰是泛言君能聽之也或曰計有所利以聽其君之用或曰爲大將者已聽從之或曰計之利者惟將以聽不參私謀也或曰以聽當活看在君則爲大將聽在大將則爲偏裨聽俱未知孰是詳之已音以輔音父稱令量並去聲夫音扶諜音疊陘音刑陳與陣同幟音翅設音迷後皆同舍上聲

兵者詭道也詭音鬼

夫由計外之勢不出於因利制權觀之則知兵不可以常法拘須純用詭詐之道也何也蓋其本雖

能而示之不能　用而示之不用

在於仁義御衆雖在於誠信而欲勝乎敵非詭詐奚以致之即下能而示之不能十四勢欒枝曳柴揚塵孫臏令軍減竈田單神師火牛韓信囊沙壅水皆得此詭道者夫音扶曳音裔亦作拽令平聲

故能而示之不能用而示之不用近而示之遠遠而示之近

自此至出其不意十四勢皆是詭道乃因利制權之實示者發露於外使敵人知之也能字所包者廣凡能守能戰兵食能足之類皆是不止言將有材能趙奢示留壁於秦閒冒頓示羸老於漢使與

孫臏減竈以示弱皆知此義也用用兵也或作用人通或作用物用事覺太瑣細鄭武公欲伐胡而先妻以女班超欲伐莎車而佯言西歸此示不用兵也呂蒙詐稱孫權取回以圖羽秦令軍中有泄武安君爲將者斬此示不用人也遠近以地里言或以日期言越王兵分去五里而潛涉當吳以襲中軍岑彭令西擊山都而潛兵渡沔以破秦豐此是攻在近地而示遠去也韓信陳船臨晉而伏兵從夏陽耿弇揚攻西安而夜勑破臨淄此是攻在遠地而示近取也賀拔岳討万俟醜奴宣言氣候

漸熱。待至秋涼。更圖。知其分軍。而即斷路圍取之。此是攻期近而示遠也。賀若弼伐陳。先使防人交代。必集歷陽。爲常。知其不備。而濟江遂克之。此是攻期遠而示近也。(間使妻令並去聲泝音梭沔音免万俟音木其)

利而誘之。亂而取之。實而備之。強而避之。(備音避後同)

利不止貨利。凡便利皆是誘欺引之來也。如李牧佯縱人畜以誘匈奴。而夾擊破之。莫敖不扞採樵以誘絞人。而設伏敗之之類。亂乃用謀使敵之擾亂而無節制。非止因其自亂也。取易也。或曰。敵有昏亂者。可乘而取之。如謝玄因苻堅之退陣而破之馮異因赤眉之相混而敗之之類又如曹劌之敗齊師必轍亂旗靡而後追之此真亂也若吳王先以罪人三千示不整誘越豈非詐耶實者兵勢堅實備則爲不可勝之計以防之也如楚倚相謂吳師甲集兵聚而列陣待之以防其襲鄧禹因赤眉長安充實而就糧北道以觀其變之類強者兵力強盛避則暫且退避伺其間隙而擊之也如王霸因蘇茂之精銳而閉營固守亞夫因吳楚之慓悍而堅壁不出之類劌音貴易相間並去聲慓音票匹召切

怒而橈之卑而驕之佚而勞之親而離之

怒者因敵將持重固邀不戰設計激之使怒也撓阻撓其謀也或曰敵將有剛忿好怒者則因性以挫撓之如後忿速可侮也或曰敵將褊急易怒者則撓亂其志意使無謀輕進也如晉人執宛春以怒楚將子玉陳平進惡草以怒楚王項羽世民引騎誘詬以怒老生輕出之類若孔明以巾幗遺司馬懿不動又安得撓之耶卑者因敵國警守圖之無使乃自處於屈弱也驕從敵之心志也如越王卑詞厚幣以請成而豢吳君臣冒頓不惜千里馬閼氏與東胡而襲其無備唐高祖致書極其卑下

而推獎李密之類。佚敵衆暇豫也。勞我兵迭出疲困之也。或曰。彼國本安佚我則誘興作以勞其民也。如伍子胥教吳王光三師以肄楚。而子重於是七奔命。郭子儀擊史思明。晝揚兵夜擣壘。而賊果不得休息之類。若田豐教袁紹出奇兵。乘虛擾操。亦善計也。惜乎不從而反至於敗也。親者。敵之上下彼此交相信愛也。離。間隔也。如應侯間趙王而退廉頗。是君臣相離也。馮異間朱鮪而刺李軼。是同黨相離也。秦晉合兵以伐鄭。鄭遣燭之武夜出說秦伯曰。得鄭與晉。秦無益也。不如捨鄭以爲東

攻其無備出其不意

道主人秦伯悟而退師是交援相離也愚意利而誘之至親而離之八句止有利在己餘六者則在敵也或欲以亂怒亦作已說謂詐亂誘敵之來而取之佯怒示必戰之勢而撓之恐取撓二字欠順終不如在敵上說穩也詬音厚幗音谷豢音患冒頓讀作墨特閼音煙肄音異鮪委有二音軼音直將好易間並去聲處上聲

攻其無備出其不意

無備是不關防處及關防不得處不意是不料度處及料度不到處攻者乘懈怠以擊之出者因空虛以加之凡事皆然不專於地里也如呂蒙知關

羽撤沿江之備而襲取南郡。鄧艾行陰平無人之地。而徑抵成都。又如曹操。輕兵無道以掩烏桓。李靖乘潦江漲以圖蕭銑。唐莊宗因梁兵歸洛陽。而直趨澤州。孫策因劉勳興兵伐上繚。而襲破廬江。俱知此義者。若周亞夫使備西北。則有備矣。吳楚安得而攻之。魏延欲出子午谷。設魏之有意屯守。豈不棄兵於死地乎。此無備方可攻。不意方可出也。慎之。此已上共十四勢。乃兵之詭道。○或曰。此二句。是總承上十二勢。言用十二勢。以詭敵。使不備我攻。不意我出。然後神速以攻之。出之則敵必

兵家之勝不可先傳

未戰而廟筭勝廟筭勝者得筭多

不知所禦也。恐非孫子曰氣。觀下此兵家之勝句自見。决不可從。度音鐸潦音老又音勞

此兵家之勝。不可先傳也。

此字。指上十四勢。皆兵家詭詐取勝之法。乃臨時因事而用。最宜隱秘。不可預先傳泄於人也。先傳則泥於一定。敵知我機。而勝難必矣。易傳曰。幾事不密則害成。非此之謂夫。泥去聲夫音扶

夫未戰而廟筭勝者。得筭多也。未戰而廟筭不勝者。得筭少也。多筭勝。少筭不勝。而況於無筭乎。吾以此觀之。勝負見矣。夫音扶少上聲註同

筭卽計也。正指七計言多少。猶詳畧也。廟筭者古之君欲興師命將。必致齋於廟。先有成筭。然後授而遣之。故曰廟筭。此節乃總結一篇計筭之說。蓋懼學者惑於不可先傳故也。夫未戰之先。勝負無形。而廟筭卽有勝不勝者。非妄於憶度。實由於筭之深遠而多。淺近而寡也。夫多固勝矣。少且不勝。況於始之不計。情之不察。而無筭者。又烏能勝哉故欲知勝負者。但以多筭少筭無筭三者觀之可見矣。廟筭勝。如商周之師。順天應人。以伐暴救民者是也。繼此如晉武帝。命杜預平吳。宋太祖命曹彬下江南之類故尉繚子亦曰兵勝於朝廷愚謂古之將全才者少以小術勝無術者多惟三國君臣皆一時之傑所以力戰詭道不相上下其勝負之分止在於筭有多寡之間譬之圍棋者俱爲國手偶差一着便失一局向使一人愚則成中分之勢二人愚則足以混一不待至晉而後定也嗚呼孔明所值其艱哉○或曰廟筭非止七計兼五事十四勢而言或曰筭即太乙遁甲置筭之法因六十筭已上爲多筭已下爲少筭客多筭臨少筭主人敗客少筭臨多筭主人勝或曰以此此字指五

事七計十四勢愚按三說皆非特存之俟考將去聲齊側皆切度音鐸已音以

作戰第二

廟堂之上計筭勝負已定然後可戰故以戰爲第二所謂作者鼓之舞之也蓋戰爲危事久暴於外必有鈍兵挫鋭屈力殫貨之害而欲速勝以免害非鼓舞士卒使之樂於進戰不能也然作之之道有三激之怒而氣奮也誘之以利使貪得而勇往也賞賚表異之使之顯榮而願致其身也再

細玩之篇名雖曰作戰而所載乃完車馬利器械運糧草約費用者何也亦以行師必先備乎此而後可作而用之耳通篇凡五節首至舉矣言兵之興人衆費廣次至足也反覆言速則利久則害惟善者能因糧而足用又次至十石言因糧之利又次至益強言作之之法末故貴一段則總結之又警將之任重也○或曰作制也造也謂廟筭已定即計程論費制造戰事也孫子因昔之好兵者往往日久費廣以致民

窮禍起故於始計之後即陳其所費勉其速勝以為萬世之法惜漢武隋煬後不悟而犯之此則專主制造戰事說蓋以作士之氣在深入不得已之際非出師之初也豈知戰以氣為先盛則勝衰則敗何分於先後哉必以作氣速戰而勝說為正已音以暴音僕鈇音膚殫音丹樂音洛賚音賴費音廢好去聲煬音羊

孫子曰凡用兵之法馳車千駟革車千乘帶甲十萬乘去聲下十乘同註同

馳車馳驟之輕車也戰用之兩服兩驂凡四馬故

曰駟革車以皮縵其輪籠其轂重車也乃馳車之副行載糧仗止則為營者也乘車數也亦取載義帶甲披甲之士也按周制革車即輕車又有長車即重車與此小異周制革車一乘步卒七十二人甲士三人重車一乘守裝五人廐養五人樵汲五人炊爨十人是正副二車共用百人也今舉千駟千乘計之則帶甲之士須十萬矣十萬為率百萬可知總見車徒之盛也孫子因春秋時尚用車戰故舉二車言之二車所用人數諸家註疏不同特考周制定之如此○或曰帶是結束之帶甲是衛

身之甲。二車用十萬人。帶與甲。亦十萬件也。載音再廐音救爨音竄

千里饋糧。內外之費。賓客之用。膠漆之材。車甲之奉。日費千金。然後十萬之師舉矣。饋與餽同粮與糧同費音廢後皆同註同

奉猶用也。興師伐敵。抵其境。有千里之遠。隨軍糧食。必須餽送於彼。則糧亦廣矣。又且內而國中。外而軍前。皆有所耗。費。迎待使命。遊說之賓客。皆有宴饗之用。與夫兵器上合用膠漆之材料。車甲上所用膏油皮線之類。總計一日之內。約費千金之多。然後十萬之師可興。而購賞之物。猶在於外。故

宜速不宜久也夫十萬之師既云千里餽糧則一日所費何止千金曰千金者槩言其多也況不惟十萬而或百萬千萬不惟一日而或積月連年以至甲冑生蟣虱乎饋糧亦未必止於千里曰千里者因當時千乘之國以此達彼大分則然此甚言其遠也況不但千里而猶有出塞渡海窮追遠討者乎故凡曰千里千金一日十萬皆孫子大約言之學者須當心悟此節如漢武征伐四夷出塞千里終至士馬物故輜械喪盡而海內虛耗之類若漢高與陳平千金不問出入則乃賓客之用也使說

乘分並去聲夫音扶後皆同購音構塞音賽蟣虱音己色

其用戰也勝久則鈍兵挫銳攻城則力屈久暴師則國用不足銳音睿下同註同暴音僕蒲木反註同下並同用戰也勝作一句讀以勝久連上或連下皆非

此承上言日費千金之多苟不速勝其弊如此兵者器仗也屈者困窮也暴者露於外也戰貴速於取勝若與敵相持日久則雖勝亦不免於鈍敝兵鋒挫損銳氣攻人之城久而不下則兵力必至於困屈暴露師徒久而不返則國之財用亦不足以供也鈍兵挫銳如樂毅留巡齊城三年而不能下

莒與即墨非鈍挫而何攻城力屈如祿山之亂賊衆攻睢陽張巡許遠竭忠堅守而賊之力終至於困屈國用不足如漢武帝寵用衛霍窮征遠討久而不解卒至國用空虛而下輪臺之詔莒音舉睢音雖

夫鈍兵挫銳屈力殫貨則諸侯乘其弊而起雖有智者不能善其後矣夫音扶殫音丹下並同乘如字下乘之同

又言且有後患正見不可久也殫盡也夫兵伏銳氣民力財貨人君所恃以保國者今至於鈍挫屈殫皆曰久用兵所致果若此則隣國之諸侯乘其疲弊而起雖有長於計謀之智者亦不能善救其

後之敗亡矣。蓋智者明理勢之將然。但能防於未弊之先故也。昔吳伐楚入郢。又加兵齊晉。盟於潢池。越遂乘其久師於外。國內空虛。起而襲之。故當時孫武雖在。亦難爲謀以救其不滅也。又如隋煬帝重兵好征。力屈鴈門之下。兵挫遼水之上。轉輸彌廣。用遂不敷。於是楊玄感李密之徒。乘弊而起。縱蘇威高熲。亦毋能爲之謀也。噫。鷸蚌相持。反爲漁者之所利。兩虎相鬭。卞莊子始得騁其能。自古乘弊而起者。類如此。郢音影以井反潢音黃好去聲輸音書熲音引上聲居水反毋與無同鷸音尉蚌音棒騁音逞

拙速巧久

不能盡知用兵之利

故兵聞拙速未覩巧之久也夫兵久而國利者未之有也故不盡知用兵之害者則不能盡知用兵之利也（覩一本作睹義同）

此節皆反語所以結上文以起下文深明當速勝不可久也故下即舉善用兵者言之聞嘗聞也拙速計雖拙而速於取勝也巧之久奇巧長久而勝也覩見也未覩未之有皆決無之詞言國之財力不竭而利者亦掩敵之無備而勝之不久於用兵之所致久則得不償失必無利之理也用兵之害指上鈍兵挫銳屈力殫貨言用兵之利指上拙速

取勝。不勞民傷財言盡知者知之悉也蓋兵之利害相依。能知其害然後利可知也。害之不知。利烏能知哉。愚意拙速巧久猶云寧可拙速不可巧遲乃甚言暴師之不利耳。苟不量彼己惟欲妄動。則輕合者必敗。豈孫子本旨乎。況猶當視時勢之何如。彼列國相爭之際。久則恐諸侯乘弊而起故宜拙速。若天下一統以中國而戰夷狄以朝廷而戰盜賊則當主趙充國之言斯為善於兵也。不然高宗伐鬼方。遲以三年而後克者非耶。拙速取勝。如司馬宣王伐上庸孟達以一月圖一年。不計死傷

善用兵者役不再籍

與糧競者是也。兵久國不利，如智伯圍趙踰年不歸，卒爲襄子所滅，身死國分者是也。不知用兵之害，如秦伯見襲鄭之利，弗顧殽函之敗；吳王矜伐齊之功，頓忘姑蘇之禍者是也。量去聲

善用兵者，役不再籍，糧不三載，取用於國，因糧於敵，故軍食可足也。載音再

此言善用兵之利。役者，役民以爲兵。籍者，紀兵之簿籍。不再籍，謂成師以出，一舉即勝，不復驗籍徵兵也。載者，以車載糧。不三載，謂軍出則載糧以送之，歸國則載糧以迎之，載糧無有第三次也。惟能

作士卒之戰而速勝。故不久。如此。用器用也。乃兵甲戰具之物。器用取於國。欲以便於堅利。因者。因而掠取之也。糧因掠於敵。所以省其轉輸軍食。可足。正申上糧不三載之由也。役不再籍。如太公一戰而天下定。晉文一戰而伯業成之類。糧不三載。如晉師館穀於楚。司馬懿定一年計以伐文懿之類。取用於國。如馬隆請自至武庫選仗具之類。因糧於敵。如去病輕齎絕大漠。食匈奴積粟而還之類。○或曰。籍。謂兵之符籍。即漢之尺籍伍符也。或曰。籍。猶賦也。謂初賦民便勝也。或曰。籍。借也。不再借民而役也。或曰。籍書也。不再籍書。恐人勞怨生也。雖俱通。還作簿籍為正。或曰。不三載。謂始載糧。後遂因敵也。覺三字欠明。或曰。三載。是人載舟載車載也。又甚牽強無據。皆不可從。佾與覇同。齎音躋。子西切。強上聲。

國之貧於師者遠輸。遠輸則百姓貧。近師者貴賣。貴賣則百姓財竭。財竭則急於丘役。輸音書。貴賣貴賣。一本作貴賣貴買。一本又作貴買貴賣。皆非。

此見用兵之害。莫甚於遠輸。百姓貧。謂畿內之百姓因供而耗於財也。百姓財竭。謂轉輸之百姓因責賣而財已盡也皆以民言輸運也急迫也遠輸按管子曰粟行三百里則國無一年之積粟行四百里則國無二年之積粟行五百里則衆有饑色此百姓貧之義也丘役按周制司馬法兵出於田九夫爲井四井爲邑四邑爲丘乃十六井一百二十八家也出戎馬一匹牛三頭又云四頭所謂丘役也自此四丘爲甸則出長轂一乘馬四匹牛十二頭矣言國家興師十萬於千里之遠必用七十萬家之力以輸給之故不惟在國也因遠輸而貧百姓亦供役日久而貧況近於十萬之師則人衆

而凡百貨物。賣者必貪利而增價。百姓之遠輸者。又因其貴賣而不得不貴買之。故財竭也。夫財既竭則丘甸之役。百姓益不能供。豈不急乎。若此者。皆由於遠輸近師所致。是以糧不可不因於敵也。

○或曰財竭者。近師之人。因物價騰湧罄物以貴賣之。故始雖獲利殊多。終必至於竭也。此主境外賣者說。非吾供役百姓。何以曰急於丘役。不能供也。恐不通。或曰。急於丘役者。暴於常賦之外。如魯成公作丘甲也。此主在上者財竭急於取民言。恐於百姓因貴賣財竭不相屬。此皆後人不體孫子

喫緊為久師者警。故持一偏之見。而其說紛然。遂致因襲不詳。失其初意。愚故特表而出之。高明者鑒諸。夫音扶

力屈財殫。中原內虛於家。百姓之費。十去其七。公家之費。破車罷馬。甲冑弓矢。戟楯矛櫓。丘牛大車。十去其六。中原內虛於家為句一說以於家百姓之費讀非罷音皮冑音紂弓矢一本作矢弓一本矢弩皆非楯人上聲與盾同俗讀遁非矛音謀一本作敿非櫓音魯去其六一本作去其七非音字註皆同

此言公私之費。以見用兵之為害也。虛。耗也。破。損也。罷。困也。車馬。攻戰之車馬也。甲以衛身。冑以衛首。矢。箭也。戟。戈屬。有技兵也。長者二丈四尺。短者

一丈二尺楯干屬或云即今之長牌也矛鈎也長二丈櫓車上遮蔽之器或云即大櫓也丘牛一丘所出之牛大車載輜重之革車夫暴師長久而財力困竭則國中原野之內其家業必皆虛耗度百姓奉軍之費大率十分而去其七分然不獨百姓費也公家車馬器用等物或破損或遺失亦十分爲率而去其六分六臧於七者見傷民爲多也中原內虛於家如漢武連年出師而海內虛耗之類公家之費如霍去病以十四萬騎出塞歸者不過三萬匹唐太宗征高麗戰士死者幾三千人馬死

智將務食於

者十七八之類。夫音扶暴音僕度音鐸分如字騎去聲塞音賽

故智將務食於敵。食敵一鍾。當吾二十鍾。萁秆一石。當吾二十石。當去聲萁秆音忌趕石音十俗讀旦非註皆同

此言因糧於敵之利。務專力也。鍾量名。六斛四斗也。或云。六石四斗爲鍾。或云。十斛爲鍾。石乃四鈞一百二十斤也。或云百斤爲石。或云古一斛爲石。今二斛爲石。萁豆萁也。秆稈也。皆喂馬之物。或云豆稭也。禾藁也。或云萁豆也。或云萁秆藁也。雖不同。總是一義。蓋因千里饋糧。所費甚廣。故有智識之將。知遠輸之爲害。乃專取之於敵。或奪其積聚。

殺敵者怒
取敵之利者

或乘其未收其利常二十倍也一當二十亦是約平地千里言之若更路遠或險阻則猶不啻矣觀秦征匈奴率三十鍾而致一石漢武通西南夷率十餘鍾而致一石可知智將務食如酈生說漢王取敖倉粟霍去病約輕齎絕大漠食匈奴粟孔明以討刈魏之上邽麥李勣說李密取黎陽倉之類智苟不足則反爲敵之所餌如赤眉以豆車誘鄧洪而敗之豈非鄧洪不智之甚乎量更說並去聲啻音替酈音歷齎音躋丁西切

故殺敵者怒也取敵之利者貨也車戰得車十乘以

勝敵而益強

上賞其先得者而更其旌旗車雜而乘之卒善而養之是謂勝敵而益強

此言作戰之法怒軍威也利快便也非財貨之利車戰舉車爲例步騎亦然也以上是言大綱也更換也卒駕車之卒也益增也夫觀久師於外因遠輸而公私皆耗必智將方能因糧於敵如此則誠不可不鼓舞士卒使之速戰也故兵不怒則無意於殺敵今能奮勇殺敵者因激其同怒也兵不貪所得則無意於進戰今不待督促而自能進取快便者因誘以敵之貨財也兵不賞無以使勸今試

以車戰言之。吾兵之強。得車十乘以上。仍以己之貨財賞其倡謀陷陣之先得者。蓋車一乘用士卒七十五人。得敵十乘以上。則吾之士卒。不下千餘。人衆難於徧及。故賞一以勵其餘也。而更換車上之旌旗。使與吾同者。令敵不識也。所得之車。雜於吾車之中而乘之。不使聚於一處者。防有變也。所得之卒。同於吾卒而善養之。勿加侵辱者。欲其感恩圖報。不思叛去也。是之謂勝敵之後得車與卒而益己之強。視之久而公私皆耗者。不相遠哉。作戰之利如此。殺敵者怒。如田單守即墨。誑燕人劓卒掘塚。遂致士皆泣怒。而夜出火牛爭奮擊之。班超使西域。見鄯善禮貌衰廢。遂激怒所從三十六人。而因風縱火悉燒死之。是也。若蔡人私怒。以宋衛之師伐鄭而反敗。烏在其爲怒耶。取敵之利者貨。如漢度尚與軍士出獵。密焚其各家之珍積。誘以卜陽潘鴻財貨足富數世。故衆皆踴躍破之。宋太祖命潘美平蜀。諭以所獲帑藏悉以饗士。故士殊死戰平之。是也。若嬴秦之法。以戰士得於敵者悉還之民。遂趨戰日罷。烏在其爲貨耶。車戰得車。勝敵益強。如吳起與秦人戰。令三軍曰。若車不得車騎不得騎步不得步雖破軍皆無功故戰之日令不煩而威震天下王浚料虜寇以充兵則皆勁卒孔明破孟獲即以渠帥而用之是也若白起降趙軍四十萬不能撫恤而盡坑之烏在其爲得勝而強耶或曰貨乃易設之厚賞非任其亂取於敵之謂賞先得即以所得之車賞之更旌旗是變其物之號以優異之雜乘是聽獲車之士卒乘之而官不録也未知是否或曰此節大意是言用師既久不但當因糧於敵若得車卒亦有可因之理也雖通恐與上文取用於國句相礙抑且非孫子

貴勝不貴久

作戰本旨。學者詳之。夫音扶令敵令字平聲劇音 刈直器切郗音倘羅音皮降
音抗另音令去聲礙音害 騁將乘使歲令並去聲

故兵貴勝不貴久。一本勝上有速字非

此句照前盖兵聞拙速二句。以總結上文。乃一篇之大旨。言兵貴激賞士卒。拙速取勝。不貴巧而持久。盖久則公私皆耗。易以生變。而爲敵所乘故耳。昔司馬懿殄公孫於百日。擒孟達於盈旬。眞速而不久者。若樂毅三年不能下二城何足語此。故曰。兵猶火也。不戢將自焚。雖然以時勢揆之。亦有當緩圖者。握兵之將。不可一槩施也。愚謂因糧於敵

知兵之將民之司命

激賞士卒。卒善而養。雖爲久師之策。終非策之善也。何也。我欲因糧。而敵人先清其野。則何所於因。如李牧急入收保。匈奴終無所得之類。我欲必戰。而敵人先堅其守。則激賞奚益。如仲達甘受巾幗。孔明終不得戰之類。我欲善養。而敵卒先自疑貳。則終難爲用。如秦已得趙。趙人反復而入於韓之類。吁。觀於此。則知甚矣師不可以易舉。而勝之貴於速也。孫子言之惓惓。無亦不得已之意乎。易去聲矜音[illegible]幗音號古獲切巳音以

故知兵之將。民之司命。國家安危之主也。一本民上有生字非

此亦是承上句而歸重於將。以爲有國者勉。知兵之將。謂知兵家之利害。貴勝不貴久者。與前智將微不同。司管也。主宰也。危字帶過意輕。言民之生死。國之安危。皆係於將。則其任亦重矣。明君用之。可不精乎。故必得知兵之賢將。方可保民之生。而奠國家之安也。樂毅呼吸之間。下齊七十餘城。使燕之民人社稷復振。天生李晟爲社稷萬人。郭子儀身係天下安危者二十年。皆有合於此。若廣利竇憲之徒。以一母寡之首。而喪數十萬命於窮荒。以一燕然之石。而貽數百年之禍於海內。其眞知兵耶。不知耶。故持兵柄者。直當如范純仁之對神宗曰。無深留意邊事。使邊將觀望要功生事。不惟爲目前之害。又將貽他時意外之憂。此誠知兵之言。信乎古先聖王不得已而後動。動而必勝。勝之遲者。或時不可急。或人不忍傷。決非黷武以逞私也。晟音成喪去聲要與邀同已音以黷音毒

孫子卷三

浙江鮮元鍾吳何守法校音點註

門弟庠生三吳何守禮　標題

門生武舉紹巖王世盛

繼巖王世興

石霖伯加爵

調宇陳廷和　同訂正

謀攻第三

謀亦計也。攻擊也。或曰。合陣爲戰。圍城曰

攻。夫觀上二篇廟筭已定。戰氣已鼓。雖爲

可攻而攻之以威力則未免決勝於鋒鏑之間縱能殲敵安保己之無傷故不若先定其謀持重萬全而後攻之使敵人之自服此謀攻所以次作戰而爲第三也然在作戰也欲拙速而取勝不欲巧久而鈍兵此則欲全爭於天下不欲破人之軍國孫子不得已之情見矣惜乎生事喜功之人猶驅無辜以強戰而卒致兩敗俱傷獨何心乎通篇凡七節首至善者也言謀勝而全之爲善戰勝爲次次至災也言不待謀

用兵全國爲上

成而忿攻之失又次至法也言謀攻不久而全爭之法又次至擒也言用謀衆寡之用又次至必勝言將謀周隙之異又次至引勝言君不知政事而亂其謀之患又次至於末言五者爲知勝之謀而引古語結之有次序有肯綮非泛常作也學者當熟玩之夫音扶已音以識音千強上聲綮音起

孫子曰夫用兵之法全國爲上破國次之全軍爲上破軍次之全旅爲上破旅次之全卒爲上破卒次之全伍爲上破伍次之夫音扶後同此夫字舊本作凡字亦通

此言用兵之法貴以全取勝也上者遂其欲不傷
其生策之得也次者雖攻取而傷人必多計之短
也彼隣國之君無道虐民我欲攻之也能以謀爲
先而止明其吊伐之義不毀社稷不芟人民俾敵
人舉國來服爲上若以兵力擊破而得之未免傷
及無辜故爲次降是而一萬二千五百爲軍古者
天子六軍大國三軍次國二軍小國一軍五百爲
旅百人爲卒五人爲伍謂百人以下至五人也雖
有次序衆寡皆以不戰取勝使其服從而保全爲
上反是者次之也全國如虞舜舞干而苗格文王

因壘而崇降。又如韓信之脅弱燕。曹彬之下江南伯顏之取南宋。皆是若劉裕滅南燕。曹翰屠江州則破國爲次矣。全軍如光武收銅馬赤眉等賊衆容恪緩攻廣固。以全段龕。李愬雪夜入蔡。不戮一人之類。若白起坑趙卒於長平。項羽坑秦卒於新安。則破軍爲次矣。卒旅伍可互見。○或曰。用兵者明法審令。威加於敵。而自來服。是全之也。即尉繚子講武料敵。使彼氣失而師散。雖形全而不爲用之意。此似自治威勝。非謀攻也。或曰。興師深入。必奪利守險。以杜其糧道。絕其救援。使恐懼來服。是

不戰而屈人之兵

全之也。此似不得已而服，未必無傷，非全之也。或曰：雖勝敵而我少有損，未可言上，必不遺一矢、不傷一卒而能全之，乃爲上。此又兼已言，非止不傷敵也，詳之。芟音山　辜音孤　崇降之降音杭　脅音歇　令去聲　得已之已音以　少上聲

是故百戰百勝，非善之善者也；不戰而屈人之兵，善之善者也。

此二句承上申言，乃謀攻之大旨。百戰百勝，非果百也，槩言其每戰必勝也。善之善，謂善而又善，乃善之極也。屈者，無所措之義。夫由破爲次觀之，則知戰而勝者，雖爲可取，其殺戮必多，故非善；惟不

必戰而以計謀使之自然屈服斯爲善之極也或曰明賞罰信號令完器械練士卒威加於敵自然懾服如穰苴明法拊士燕晉聞之而觧去郭淮斷牛頭山糧道姜維大震而去是也雖通恐涉自治孫子之謀不止於此必如魯仲連射書聊城而燕將自殺徐晃射書韓範而致其來降韓信奉咫尺之書而燕即從風而靡子儀免胄示回紇而衆即下馬羅拜方似以謀勝者若秦之白起陳餘項羽皆有百戰百勝之功卒不免於杜郵之刎泜上垓下之敗身且不保豈得言善乎適以貽千古之笑

上兵伐謀

故上兵伐謀其次伐交其次伐兵其下攻城攻城之

夫音扶戮音六令將並去聲晃音荒去聲
降音杭胄音紂滅音池垓音該貽音移

法爲不得已已音以後皆同

此亦是承上不戰屈人來上兵者上等兵法也與下字對二次字即次於上之義伐者謂先遏之使不得逞也伐謀之事非止於一彼敵人將謀伐我我先伐其未形之謀故敵人不得而伐我或我將攻敵敵人有謀拒我乃伐其應之謀使敵人不得而拒我勝於先事故稱上其次伐交者蓋凡敵與我戰必交結隣國以爲助援我則先散其交與使

其勢孤弱而不敢進也。其次伐兵者。敵人有犀利之器械。所恃以為便者。我則乘其所之。使無所用而不敢戰也。此二者雖不及上。亦足以全之。故皆為不戰屈人之法。惟攻城為最下者。城堅難破。必老師費財故也。然亦何樂而攻之也。正由威力不足以加人。又不能使之戰。勢不獲已而後為此舉也。借使其屈焉。又豈肯攻之。而甘心蹈下策哉。伐人攻我之謀。如晏嬰破范昭之請樽。太師破范昭之亂樂。晉卒不敢攻齊之類。伐敵拒我之謀。如秦士會誘趙穿出戰。而破臾駢之深壘固軍。晉卒不能拒秦之類。又若寇恂斬皇甫文而降高峻。王旦請具粟京師而阻德明。皆是伐交。即後九地篇威加於敵。則其交不得合之意。如張儀說秦以地六百里與楚王。請絕齊交。隋何於黥布座上殺楚使。以絕項交。曹操與韓遂並馬語。以疑馬超。高洋遣蕭深明請和於梁。以疑侯景之類。伐兵。如金兀朮伏拐子馬衝擊。而武穆以麻扎刀破之。楊幺用輪激水行舟。而武穆以亂草從上流塞之之類。攻城爲下。如劉曜嘗攻洛陽城矣。百日不克。而反爲石勒所擒。諸葛嘗攻新城矣。數日不克。而反爲司馬所破之類。或曰。伐謀者。用吾謀伐之也。伐交者。交合強國伐之也。伐兵者。整利器械伐之也。此以謀交兵皆在巳說。恐文義欠順。或曰。伐謀。乃用計伐其主謀之臣。如陳平間去范增也。伐交。伐其不得交與。如秦閉關不敢窺山東也。或又曰。伐交。謂兩軍將交合。則先薄伐之也。或曰。伐兵。謂我既不能破其始謀。又不能絕其交援。則敵之兵形巳成。必須爭勝於白刃之前以伐之也。樂音洛　巳音以　駢音便平聲　說音稅　繫音擊　搰音華上聲　幺音夭　塞音色　閒去聲

脩櫓轒轀。具器械。三月而後成。距堙。又三月而後巳。

櫓音魯一本作樐非轒轀音文溫堙音因又音煙一本作闉非闉乃城內曲重門非土山也註同

此承上言攻城之器具脩者治其巳有具者備其所無成者久而成就也巳者經時畢止也櫓者遮蔽之器即大楯也或云乃巢車上樓櫓備箭石者也觀之傳曰晉侯登巢車以望楚軍者是言彭排與城上守禦樓者非轒轀者轒車牀也牀下四輪上排大木以繩爲梁蒙以生牛皮從中推轉下可容數十人往來運土填隍或掘城墻直就其處木石不能壞今所謂木驢是也器械攻城機關之總名乃飛樓雲梯之屬距堙者土山也積土爲山稍

高過城與城相距使士卒上之或觀其虛實或毀其樓櫓可附近登城即今所謂壘道也春秋傳曰楚司馬子反乘堙而窺宋城者是然二端每必三月者蓋三月乃天時之一變大約言其久非實歷六箇月也揗人上聲傳去聲

將不勝其忿而蟻附之殺士卒三分之一而城不拔者此攻之災也將去聲後皆同勝平聲蟻音以與螘同而蟻舊作其蟻非災時本作灾舊作𢦏義同

此連上節正見攻城爲下出於不得已也忿躁怒也蟻即今蚍蜉蟲也災害也言爲將者脩造攻具

土堙經歷二時方能成已而攻之猶不拔乃不勝
忿怒使士卒緣城而上如蟻之附物以登吾之士
卒爲城上敵人所殺者已三分之一而守者堅備
終不可拔此攻城之害也故爲法之下而情之不
得已耳視不戰屈人彼已兩全者不相遠哉後魏
太武帝率十萬衆攻宋臧質於盱眙太武始就質
求酒質封溲便與之太武大怒遂攻城令士卒肉
薄以登分番相代墮而後昇莫有退者屍與城平
而城不拔質復其高梁王如此三旬死者過半乃
解而去正與此合○或曰將心忿怒不俟攻城之

必以全爭於天下

器。六月之久。而亟攻之。則其害如此。雖通。但覺止在忿而亟攻上有災。終不如前說。踰時費其財力。忿而不能持久取害意周也。已音以將令並去聲便平聲亟與急同

故善用兵者屈人之兵而非戰也。拔人之城而非攻也。毀人之國而非久也。必以全爭於天下。故兵不頓而利可全。此謀攻之法也。

此言良將謀攻之法。乃一篇之大旨。全爭。謂完全得之。頓。猶鈍也。夫上文踰時忿攻。宜城之拔也。而終不拔者。特庸將耳。若善於用兵者。只在以謀而即能使敵之兵屈。城拔。國毀。不必戰攻久也。夫不

戰則士不傷不攻則力不竭不久則財不費乃爭之全者必能以此立勝於天下故無頓兵血刃之害而有屈兵拔城毀國之利此良將善於謀攻之法術也屈人之兵三句當輕講引過乃是反前意而總收之重在故兵不頓二句蓋因承上攻城言也時說多又每句詳言則重復不知旨矣學者切宜玩索屈人之兵句即前不戰而屈人句引古見前拔城非攻者如文王伐崇因壘而降晉文伐原退師而下臧宮開其生路使得散走終擒妖賊於原武慕容恪築室反耕嚴固圍壘終克段龕於廣

固之類。又或攻其必救。使敵棄城而來援。則設伏取之。若耿弇攻臨菑而克西安也。或外絕其強援以久持之。坐俟其斃。若楚師築室反耕以服宋也。凡此數者。皆用德信與謀而自拔。非如上之忿攻比也。毀國非久者。謂以順討逆。以智伐愚。因可乘之勢。得事機之宜。如漢高取秦。晉武平吳。隋文用高熲之策以滅陳。宋祖專曹彬之任以定唐之類。必以全爭者。如趙充國之於西羌。上屯田十二事而曰帝王以全取勝之類。夫音扶 重平聲 見音現 龕音堪 斃音避 熲音炯

故用兵之法。十則圍之。五則攻之。倍則分之

此至擒也言兵法衆寡之用皆謀之全爭者圍謂四面壘合使敵不得迸逸也然必十倍者蓋凡圍四合必須去城稍遠占地既廣備益當嚴若非兵多則有闕漏故也攻謂驚前掩後聲東擊西以攻取之也然必五倍者蓋如曹公三術爲正二術爲奇謂先取三分爲三道以攻敵之一面留已之二候其無備之處出奇乘之非五不可故也分謂分爲二處一當其前一衝其後應後則前擊之應前則後擊之使腹背受敵也或左右亦然然必倍於敵者蓋亦如曹公之一術爲正一術爲奇謂分我

軍之半以抗敵分半以出奇則我衆彼寡動而
制非倍不可故也或曰分之爲二更番迭出以節
其勞或曰分兵以趨其所必救或曰設疑兵以分
離彼軍之勢雖俱通終不似前說明顯也十圍如
慕容恪圍廣固自知人衆戰未免傷乃羈縻以待
其敝郭威圍李守貞用馮道博者多少之喻築長
城以連三柵而遲久以致其困是也五攻如羊祜
勸晉武發各路之兵攻吳使備之不及而後以巴
漢奇兵出其空虛是也倍分如李愬敎刺史史憲
分爲二其一直揹魏賊後幟一齊諸栅則賊進不

得戰退不得守而自敗矣惜學之不聽而頻北也愚謂十圍五攻倍分此法之常也然陳餘不從李左車之說而請以此法勝韓信卒爲信所斬者非法之不可用也泥而不知變也刻舟求劍按圖索驥者何貴乎此皇甫嵩所以曰兵有奇變不在衆寡其知用法者歟（占音戰 擱音策 泥去聲 丞音松）

敵則能戰之少則能逃之不若則能避之（少上聲 註同 逃俗作迯 同一本作守字非詳之）

三能字作善字看敵均也謂己之士卒勢力與敵人均也均則勝負難分多相觀望故惟善於兵者

能變化奇正感士卒之心使之進戰也或云善鼓奇伏以戰此似智優非兵之相等也少寡也謂我之士卒校之於彼寡而不敵也寡則難與爭鋒故惟善兵者能詐爲兵形使敵莫測潛師以退逃也或云逃於險隘之處待其驕亂不備然後擊之此覺與下避之相似或云逃乃守字之誤謂我兵少則堅壁清野以守之而勿與戰也二說俱通不若謂將與兵之智力交援俱不如敵也不如則敵方鋒銳莫當故惟善兵者能引而遠避之以遠其害若遷延而强爲之對敵必薄我或守其要害雖欲

退不得也抑嘗玩之所謂逃避者亦暫爲自保將伺其隙而乘之雖有退計而無退志雖有弱勢而無弱心不止急走以圖倖免也故謂之能然則孫子於此三句戰逃避而皆曰能者豈無見哉蓋亦以能者可以勝而不能者必敗也如春秋時齊魯敵國也長勺之戰曹劌以齊三鼓氣衰而克之此敵則能戰也漢水之捷趙雲兵少於曹操且戰且走開壁疑而走之此少則能逃也陳倉之役皇甫嵩之勢不若王國嵩始避而後擊此不若則能避也是皆勢不足以制人而惟機之善用故貴於能

耳若夫蜀魏吳之勢並也終亮懿瑜肅之身而不能相吞謂之能戰可乎李陵以五千步卒遇匈奴十萬可謂少矣而乃隱於山谷窮促請降謂之能逃可乎息小不若鄭之大久矣息反伐鄭而取敗謂之能避可乎觀於此三者則知能為將之本也其旨深哉大抵此篇以謀攻為主以全爭為貴故直舉兵之常法而未及奇變如上十則圍之六句除敵與不若外皆是指將智勇等而兵利鈍均者言若主弱客強不必十倍亦可圍也敵無外援矣窮糧竭我有內應情偽盡知不必五倍亦可攻也

據其險阻乘其昏夜雖敵亦可分不必於倍也我治彼亂我奮彼怠我佚飽而彼勞饑雖少亦可戰不必於敵也既可戰矣何事於逃乎惟兵之衆寡與將之智勇勢之利鈍皆相敵則當決戰不若則當引避夫既云不若則愚鈍矣我兵雖有十倍五倍一倍之多於敵又豈敢圍之攻之分之哉至於兵之少焉智勇等而利鈍均尚且逃之設使又不若其當逃更無俟於言矣此皆孫子量敵言外之意學者須悟之方得將更並去聲强上聲餽音貴夫音扶降音抗

故小敵之堅大敵之擒也

此因上逃避二句而言以見爲理勢當然不可强也言寡弱之小敵宜逃之避之也若不能量力逃避而堅意與人戰則力之不繼必爲大敵所擒蓋小不可以敵大理勢然也即前所引李陵降於匈奴息侯屈於鄭伯之類所以爲將者當謀而全之不以强戰爲貴夫寡固不可以敵衆然亦有時而敵衆弱固不可以敵强然亦有時而敵强者何必其謀之足以勝而心之藐於大也如田单以即墨殘卒而當燕人乘勝之勢終能破之非其謀之足以勝乎又如光武見小敵怯大敵勇是蓋不敢有

將者國之輔輔周則國必強

所忽而奮激以藐視之反成其功也兵豈可常拘哉○或曰堅強勁也小敵雖強勁若當大強終爲所擒也或曰堅堅守也小敵從堅守其城然不量力後必見擒也詳之強上聲量將並去聲降音杭夫音扶羲音戲勁音敬

夫將者國之輔也輔周則國必強輔隙則國必弱輔音釜讀婦非隙音乞註同

此承上謀攻之法用兵之法二節言非將不可以終其意亦以起下文也輔車之兩旁夾木也周者完備而無隙隙者疎漏而不周言車之所賴者輔車無輔則不能行猶國之所賴者將國無將其何

以安是將乃國之輔佐也輔佐之謀周密則敵不能窺而國強盛一有間隙則情形外露敵必乘釁而至國豈不衰弱乎夫觀國之強弱而係於一將如此則閫外之權將固不可不自重而人君之選任尤不可以不明且專矣輔周國強如吳漢隱若敵國李勣賢於長城之類若檀道濟見殺而魏軍果至瓜步斛律光見殺而周武遂至鄴都此則輔隙國弱也閒去聲釁音欣去聲

故君之所以患於軍者三一本君之作軍之軍者作君者非今特正之

自此至引勝皆言君不知軍而強為節制之患所

以深戒其不可也君國君也患於軍爲軍之貽患
也三謂下文三事強上聲
不知三軍之不可以進而謂之進不知三軍之不可
以退而謂之退是謂縻軍三軍三字今本無特依舊本增之
謂之猶言命之也縻羈也所以控馬縻軍謂控制
其軍使不自由也或曰縻御也絆也繫也俱一義
夫人君之遣將也授鉞凶門推轂閫外進退之事
惟將裁之故曰將在軍君命有所不受又曰軍不
可從中御若君不知軍前可否之宜而強命之則
將不得臨時制變以專其見可而進知難而退矣

是謂縻繫其軍使之莫動此一患也然欲去此患則當假以不御之權亦必忠才兼備者方可否則未免於獨任生姧也此又有國者當慎不知進退而縻之如哥舒翰守潼關祿山兵強未可進戰而玄宗固促之兵孫皓將危守兵不可退也而賈充尚請班師之類又如劉毅怒違劉裕不可輕進之戒而發兵強進卒敗於盧循苻堅不聽苻融速進以攻之計而揮兵使却大喪於淝水亦是夫音扶將去聲強上聲

不知三軍之事而同三軍之政則軍士惑矣

同參預之也。事。所行節目。政大體也。惑不定也。夫軍中之務。舉措耳目。利害關焉。明於細微之事。尚慮大體之莫諳。若人君不知其節目。而乃欲同理其大政。則處置失宜。推行無本。軍士必迷惑而無所適從矣。此二患也。如晉王趣大梁。至胡柳陂。不知梁兵之未可與戰。乃違周德威按兵俟疲之計。而主於急戰。以致軍士潰亂失伍。苻堅伐晉至淮淝。不知謝玄之不可易敵。乃愎陽成公重兵阻水之計。而即令亟退。以致驚奔莫止。此皆軍士惑之證也。○或曰。軍事乃軍中曲節號令賞罰之事。政亦事也。凡事一出於將，則事有常規，人有常守，易於措使也。若人君不知軍事爲何物，而欲同之，則行必異常，叅差不一，士皆惑亂也。或曰：治國尚禮義，兵貴於變詐，形勢各異，教化不同，故古者國容不入國，國容不入軍。君苟不知治軍之事，而欲以治國之政同行之，則軍士惑而不知所措也。已上二說雖通，終不及愚之前說分明也。存之俟詳。美音扶詣音。按：處上聲，易、令、將並去聲，慢音鼻，即令今字，平聲。叅差音飡雌，已音以。

不知三軍之權，而同三軍之任，則軍士疑矣。

權者，攻戰之妙術也。呼吸之間，其變靡定，隨時制宜在將之心而已人君不知詭譎之機權而欲同主其職任乃遥度掣肘之則執一不通軍士必疑貳而不信也此三患也如宋襄以小國禦楚泥於仁義不聽子魚之計而成列方戰甘敗於泓趙王使成安君禦信自稱義兵不用廣武君策而士皆驚散殞於泜上皆不知權而同任之證也○或曰君使不知軍中權變之人同居將帥之任則號令不一故士生疑心如邲之役晉以先穀佐荀林父穀乃剛愎自用而堅欲與楚戰也或曰以不知權宜之人而委以監軍之任則士心疑而必敗此裴

度所以奏去監軍以平蔡高崇文亦奏罷之以成
伐蜀之功也惜乎明鑒昭然近世猶有用中官監
軍者二說亦通但不在君身而以用人言學者詳
之將泥令並去聲已音以還度音鐸殞音允泜音池父與甫同傻音舁監平聲
三軍既惑且疑則諸侯之難至矣是謂亂軍引勝難去聲註同
此總結上文言人君徒知制將不能用其人而乃
同其政任則三軍既惑於所行且疑於所令心志
乖違不肯用命隣國諸侯聞之必乘隙來攻喪師
蹙國之難至矣此之謂自亂其軍以引致敵人使

之勝已也夫亂由中起敗自我致非君之貽患於軍而何如李光弼復懷州史思明來救銳不可敵肅宗乃信魚朝恩可滅之言而督戰遂致北邙伏發王師大潰又李希烈圍襄城詔都督李勉救之勉奏襲許空虛則襄圍自解未至數十里復有詔詰責而退遂為賊乘殺傷十五輜重盡亡此皆亂軍引勝之謂也愚按為君之道惟當脩德行政求賢任人而已閫外之事專任之於將使得萬全取勝乃為上策豈可縻其軍預其政撓其任以亂之取敗哉觀古者遣將於太廟親操斧鉞三推其轂

知勝有五

則不宜中御明矣。後代多以親王中官爲監，或禁中授以方畧，或中使在道如織，俾將不能自守便宜，往往全軍覆沒，喪其名將，如周處、楊業者，未知果何見歟。或曰：魏太武、齊神武命將，必授以成筭，奉之者無不勝，違之者率多敗，又何也？嗟嗟！此則君有將畧，其政權素所熟知，彼我之將皆智識相埒，故授之可也。若君非太武、神武，而所遣之將又賢能者，豈不誤之甚耶。將令喪使並去聲夫音扶貽音遺卬音忙詰音乞巳音以轂音谷中使音四便平聲處上聲埒音列

故知勝有五。

此因上文而推廣之以盡全爭之法言君之貽患於軍固有三而將之受任於未戰之先而可卜知其勝亦有五也其目在下將去聲

知可以與戰不可以與戰者勝一本不字上有與字戰字上皆無與字非

敵有虛實之情能料而知之見可則進知難而退此必勝也或云知可不可非止虛實彼多寡均者則論強弱強弱均者則論治亂治亂均者則論勞逸勞逸均者則論將之勇怯理之曲直諸長在我短在敵則可與戰反是則不可也此必持重者知之故決勝也亦通如司馬懿之於孟達八日而至

城下於孔明則甘受巾幗而不出賈詡之教張繡謂曹操始退不可追敗還而復追之則必勝其言果驗之類○或云可戰則進攻不可則退守退守則避敵矣亦謂之勝何也蓋易重左次傳美交綏知難而退以全軍威不損而國不辱且將伺隙而動非勝而何此真足爲輕妄者戒或曰料人事逆順然後以太乙遁甲筭三門遇奇五將無關格迫脅主客之計者能知之則勝也恐非孫子本旨斷不宜從（將傳並去聲幗音谷詡音許操去聲易音亦脅音歇）

識衆寡之用者勝

用兵之法有以衆而勝少者有以寡而勝多者不可一定拘也人惟因敵數而用之昧矣將能度敵之情識其所用當衆而衆不失於孤旅當寡而寡不至於糜軍則必勝也如王翦伐楚非六十萬人不可馮奉世伐羌法四萬人而足此識衆之用者班超使西域吏士三十六人李晟擊吐蕃只請千人以往此識寡之用者若苻堅以百萬而敗於淝水李陵以五千而入於匈奴此不識衆寡而用者也或曰先知敵之衆寡而後用兵以應之則勝此在料敵上言或曰即其子用衆務易用寡務隘

上下同欲者勝

觀之則知衆寡之用有宜與不宜非止險易之别
凡分合遲速朝暮重輕皆是此主在用兵之法言
詳之必上聲將使並去聲度音鐸晟音成只音止別音鱉

上下同欲者勝

上下無君臣士卒言夫上下之分雖殊而心則皆
有所欲不同則不和而敗矣惟同其利欲彼此如
一則人人樂戰而所向無前焉有不勝乎故曰師
克在和如書云受有億兆夷人離心離德予有亂
臣十人同心同德卒之商滅而周興者以此兆明
不留代兵體其倚門之望且謂信不可失致三軍

以虞待不虞者勝

感激拔刃奔戰大破魏師此皆同欲而勝之證也若先縠剛愎欲戰而與荀林父欲還之謀不協呂布坐守泗城而有陳公臺犄角之謀不用符離之役李顯忠約邵宏淵與金宏淵忌顯忠成功乃顧衆曰當此盛夏搖扇於清涼且猶不堪況烈日中披甲苦戰乎人心遂貳不鬬各遁此不同欲而敗哉夫音扶分去聲樂音洛愎音弼父與甫同犄音倚

以虞待不虞者勝

虞度也戒備也夫功成於有備而敗於所忽故先守己以攻人者萬無一失所以勝也惜世將但伺

人之不虞而不知已亦無備此心欲勝而恒至於
僨耳如趙奢厚集其陣以待秦軍孫臏設伏馬陵
以待龐涓又如楚倚相因十日夜雨吳師必至遂
爲陣以待而擊走之滿寵因至夕風甚猛魏必來
燒遂爲警備而擊破此皆以虞而勝者若春秋時
城濮之役晉無楚備以敗於邲邲之役楚無晉備
以敗於鄢燕人伐鄭止畏祭足原繁洩駕之三軍
而不虞曼伯子元之潛其後遂敗於北制君子曰
不備不虞不可以師莒逼於楚恃其陋而不脩備
又殺其公子平逆致浹辰之間楚克其三都君子

將能而君不御者勝

曰恃陋而不備罪之大者也此皆不虞而敗者度音

鐸夫音扶將相並去聲帥音率

鄢音煙祭音債莒音舉浹音挾

將能而君不御者勝

御如御車之御言左右之也將有智能人君專任之但責其成功而不從中羈縻其進退則無掣肘疐尾之患得以自由所以勝也愚按古者遣將授鉞推轂自閫以外將軍制之故衛青有將帥之材而武帝委任無貳使統轄諸軍夏侯敦有大帥之畧而曹操假以節度使便宜從事李牧爲趙將邊市之租皆自用饗士周亞夫軍細柳惟聞將軍令

五者知勝之道

不聞天子詔。盖以用兵之法。一步百變。見可則進知難而退也。若曰有王命焉。是白大人以救火。未及及而煨燼矣。曰有監軍焉。是築舍於道傍。謀無定而難成矣。然則能將信不可御。御之而責其奏功。是猶絆韓盧而求獲狡兎也。豈可得哉。惟將之不能者。則當御之。而授以成筭。斯不偏任生釁也。有國者辯之慎之。釁音至韓音狹操令並去聲使監並平聲

此五者知勝之道也。

此五者。總結上文。言可以自驗。亦可以察敵。故先知其勝。而無待於戰陣之間。盖勝雖不可預期。其

知彼知己百戰不殆

道則可以預知也。愚意孫子之論固精矣。若推而上之。知可與戰。終不如善陣者之不戰。識衆寡之用。終不如善國者之不師。上下同欲。孰與無欲之可同。虞待不虞。孰與無虞之可備。惟將能君不御者。誠爲必勝之道。然而司馬懿顧千里請戰。魏王復使辛毗持節制之者。何也。此似御而實不御也。否則。懿豈無能之將哉。毗音皮將去聲

故曰。知彼知己。百戰不殆。不知彼而知己。一勝　負。不知彼不知己。每戰必敗。

此引古語。終上知勝之意而結之。故曰謂古之兵

法中有此語也後凡言故曰倣此百戰非真百也甚言戰之多也每戰必敗非果多敗也甚言遇戰即敗也知校之明也彼敵也殆危也負敗也彼已之情勢不出於虛實强弱而能校之曲盡知勝後戰則雖百戰可以無危不知敵之情勢而徒知在已者則知勝未完故與敵戰偶爾一勝偶爾一負其勝負各半也若外不能料敵內不能料已則勝之未知是謂狂寇每與人戰必敗矣安能望一勝乎此將之所以貴知勝攻之所以先於謀夫固欲其全之而非破之也知彼知已如韓信登壇之對

既知項羽又知漢王孔明草廬之談既知孫曹又知昭烈所以終能滅項而抗衡吳魏即百戰不殆之義也至如司馬懿與孔明對壘甘受巾幗而不與戰終能保全亦相類不知彼而知已如苻堅伐晉徒知恃已之百萬投鞭可以斷流不知江表偉人如謝安桓冲者不可輕敵是以雖能滅燕立國而卒有淝水之敗不知彼已則宋襄陳餘趙括馬謖是已敗其常也可深慨哉愚謂用兵之道其勝負之分專由於知彼已與不知之間固矣但又云不知彼而知已則徒知彼而不知已者亦可推見

彼人雖可攻而我不便於攻人雖可圍而我不便於圍則當止矣乃欲以短擊短冒險邀或然之幸必無決勝之理也不過一勝一負而已但恐持重萬全者猶所不屑古人有交綏而退有相持數月莫敢先發者無他正緣兩將俱賢自知既明料敵又審各防其失敗故也孫子此篇惓惓以知彼己終焉殆有深意惜柄兵者弗察而戒之耳將去聲夫音扶衡與横同幗音谷斷音骰謏音速巳音以

軍形第四

軍形者彼我兩軍攻守之形雖因情而著

實謀爲隱顯者也謀深則形隱而人不可知謀淺則形顯而人皆可見故次於謀攻爲第四大抵此篇主於先能自治秘之莫測然後徐察敵形而巧乘之斯爲用兵之妙非示詐形誤敵者比也詐形乃形勢後之事故至虛實篇方發之世有不先務本而專事詐者豈孫子意哉細玩之當分七節看首之至不可爲首言立先勝之本以待敵次至全勝也引上攻守之善以明其效又次至聰耳言勝於有形者不爲善又

善戰者先爲不可勝
先爲不可勝以待可勝

次至敗也詳言勝於無形者爲善又次至之政言稱善用者由道法又次至生勝言上古營陣之法末銖鎰積水總是喻攻守之形然一篇雖以軍形名而議論反覆有如風生中間不露一形字至末方點出何其妙歟學者最宜深味

孫子曰昔之善戰者先爲不可勝以待敵之可勝

昔指古之將言爲猶制也先爲者先立其本也待伺也不可勝者守備嚴密而不輕動敵人莫測難以勝我也如先據便利之地足糧餉之用精器械

之具明節制之方之類可勝者料敵之多寡強弱動靜虛實之類待其有可勝之隙而後舉萬全之策以擊之故可以勝之也如李牧守鴈門習騎射謹烽火多間諜後賞賜及士皆願戰虜有可取然後大縱畜牧人民滿野為奇陣以破走匈奴十餘萬充國之為將營遠斥堠持重愛士行必為戰備止必堅營壁雖宣帝勑戰終守便宜及罕开先零疲困勢無能為然後緩驅之而罕开自下正合此義將騎聞並去聲开音牵

不可勝在已可勝在敵故善戰者能為不可勝不能

勝可知而不可爲

使敵之必可勝故曰勝可知而不可爲

不可勝二句釋上起下言敵不可勝我之道所以先爲者以其在於己之備也我可勝敵之道所以待之者以其在於敵之虛隙也故善戰者於不可勝之道惟其在己也故能盡己之力而爲之於我可勝之道惟其在敵也故不能使敵無備而遂吾必可勝之之心故古語有曰不可勝在我而能爲之則有制勝之形故可知可勝在敵而不能使則無可乘之形故不可爲總是當自固以伺人也不可勝在己如守則深溝高壘具食練兵攻則橦棚

雲梯土山地道列陣而戰則左山右水背孤擊虛凡此之類皆在於己苟能多方備之則敵不可勝也故曰在己者言不由人也不可勝在敵如前守則深溝之類敵不備之而有隙斯可勝之是知可勝在於敵我安能用力使之不備而勝之哉故曰在敵者言不由己也愚謂用兵之道當先自治爲本而不可徒求於敵之可勝此孫子之旨所以爲精於兵也惜世將但欲見人之肺腑而不自知腹心之無膚但欲抵人之奥室而不自知門扃之不閉欲掩人之前而敵已出我之後欲襲人之陣而

敵已坐我之營。何其疎於防範而妄於圖勝乎。庸知勝之機在於已。而不在於人。實可知。而不可爲也。或曰。佚而勞之。親而離之。宜非可爲歟。噫。惟有楚子之瞶囊瓦之貪。而後吳人得亟肄以疲之。有項羽之暴范增之隘。而後陳平可惡草以間之。使其主明將賢。如燕昭王之於樂毅。漢光武之於馮異。則終不可爲也。（隙音乞　將間去聲　扃音方　已音以　亟與急同　肄音藝）

不可勝者。守也。可勝者。攻也。守則不足。攻則有餘。

此即攻守再釋上文言。敵何以不可勝。我以我自守之有道也。我何以可勝敵。以我攻人有其道也。

蓋守者之法。則每匿其壯形。而佯示敵以不足。示不足。則敵雖來攻。不測虛實。而我得聚於一處以防之。所以敵不可勝我。攻者之法。則每張其虛勢。而多示人以有餘。示有餘。則聲東擊西。遡前薄後。而敵人不知何以守之。所以我可以勝敵。不可勝者守四句。如趙充國行必為戰備。止必堅營壁。及引兵至先零。因彼懈弛而驅逐。是乘其可勝攻之也。守則不足。如田單守即墨。使老弱女子乘城。約降。復以千金遺燕將。劉裕守鹽海。使羸疾登城。偃旗息鼓。致孫恩來攻而擊敗之之類。攻則有餘。如司馬懿之討孟達其攻上庸也八部並進晝夜不息杜預之伐孫皓其襲樂鄉也多張旗幟吳人震恐之類愚意此篇不可勝原以己言可勝原以敵言故必如前說兩分彼己方是若或云敵不可勝且守之敵有可勝則攻之與李靖同是專在敵說矣又云守者吾之力不足也攻者吾之力有餘也與張昭同是專在己說矣俱不通此由未體貼孫子口氣主意故順文亂講不覺差至此耳斷不可從又如曹操曰敵攻己乃可勝是以攻爲攻己也皇甫嵩曰彼守不足我攻有餘是謂敵弱而我強

九天九地
自保而全勝

也。馮異曰。攻者不足。守者有餘。是謂不足於攻。猶有餘於守也。俱另一說。亦非孫子本旨。惟唐太宗論攻守得之。可以參看。弛音矢降音杭將去聲麗音雷藹音松另音令去聲

善守者藏於九地之下。善攻者動於九天之上。故能自保而全勝也

此承上舉善於攻守之效。言高城深池。非不可以言守。而謂之善則未也。惟善守者韜形晦迹。幽比鬼神。如藏於九地之下。而至深不可窺。堅甲利兵。非不可以言攻。而謂之善則未也。惟善攻者。勢迅聲烈。疾若雷電。如動於九天之上。而至高不可禦。

夫惟其守之至深則必固故能自保惟其攻之至高則必取故能全勝此已上言勝敵之政勝於已形者也地下隱處天上高處九者數之極謂之九天九地者非真有九也所以喻其高深之至也彼示之以疑兵不見其應挑之以餌卒不見其取欲晝攻之則堡柵險而不可近欲夜攻之則烽火謹而不可入凡此類非守藏於九地之下而何備之於前忽然出我之後防之於水忽然出我之陸不可以形迹而測其來攻之地不可以風聲而信其來攻之期凡此類非動於九天之上而何孫子能

近取譬於斯可見此即尉繚子若秘地邃天之說與此合如周亞夫之拒吳楚也方其引兵西杜堅壁而守則九地之下也及其走藍田出武關諸侯謂從天而下則九天之上也或曰善守者務因山川丘陵之固善攻者務因天時水火之變是認天地爲實矣或曰天一遁甲經云九天之上可以揚兵九地之下可以伏藏是認九天九地爲遁甲矣俱非然遁甲所謂九天者乃天殺伐之氣運在此方亦可藉之以奮揚威武所謂九地者乃地蒙晦之氣運在此方亦可藉之以遮蔽形迹與攻守畧

似亦當詳之迅音信巳音以堡音保柵音冊

見勝不過衆人之所知非善之善者也戰勝而天下曰善非善之善者也過如字不可作平聲讀後倣此

不過不能超過也天下猶言衆人也曰稱也善之善解見謀攻篇此承上言善攻守者雖能自保全勝然勝之理隱於無形衆人不知而我先見之方爲至善若待其勝之形已著而後見之則不能超出衆人之知亦尋常之見耳未足爲善之至也善制敵者取勝於無形既勝而天下不識方爲至善若戰而後勝人皆稱善則有智名勇功之能而無

舉秋毫不爲
多力
見日月不爲
明目
聞雷霆不爲
聰耳

見微察隱之機，未免殺傷，亦不足爲善之至也。如韓信伐趙，使人出背水陳，趙人見而大笑，言漢將不便兵也。及斬成安君，擒趙王歇而勝，諸將且有何術之問。又豈見勝而同衆人之知，戰勝而爲天下之善者倖哉？宜其多多益辦，兵無少拙，爲漢之大將歟。見音現，陳與陣同，將去聲。

故舉秋毫不爲多力，見日月不爲明目，聞雷霆不爲聰耳。聰與聽義同。

此喻見勝、戰勝四句。言烏獲舉千鈞之重，可言多力。秋毫者，毛至秋而末銳，至輕易舉也，故雖舉之，不爲力之多。離朱百步見纖芥之物。可言明目。日月則明大而人皆可見也。故雖見之。不爲目之明。師曠聽蚊行螘步。可言聰耳。雷霆則聲烈而人皆可聽也。故雖聽之。不爲耳之聰。然則見勝戰勝亦勝之巳形。而人皆可知可能者。何足爲善乎。或曰。人有可勝之形。待其事勢敗露。而後加兵殺戮。此其所遇之敵。必甚愚暗。而我之兵力。又足以困之。故勝之不難。人皆可能。如舉秋毫三者。此專在戰勝上說。恐非孫子之旨。鈞音君易去聲纖音千螘音以巳音以

古之所謂善戰者。勝於易勝者也。易音異去聲註同

此因上見勝戰勝之未善特舉盡善者言之夫善師者不陣全勝者不鬭古昔之善戰者見微察隱伐謀未形乘其易勝之時而圖之使敵進不知攻退不知守欲留不敢欲去不得自然屈服於我而制勝甚易故曰善若必待交兵接刃以力制之則勝亦難矣烏得爲戰之善乎如羊祜勸晉武伐吳謂吳人虐政已甚可不戰而克若孫晧不幸而沒吳人更立令主雖百萬之衆長江未可越也後王濬果兵不血刃入於石頭此正勝於易勝者之証

○或曰易是容易之易言勝於無形人不知也或

善戰者無智名無勇功善戰者其勝不忒

曰易治也言其勝敵在於先治其勝道也二說雖通終不如作難易之易講爲正（夫音扶祚音戶已音以更參並去聲）

故善戰者之勝也無智名無勇功故其戰勝不忒不忒者其所措勝勝已敗者也（舊本措字下有必字詳之已音以註同）

忒差也措處置也此承上言惟勝於易勝則勝之於微天下莫知是以無料敵制奇之智可名兵不血刃敵已降服是以無搴旗斬將之勇可功故其臨敵也戰必勝而不至於差忒非比以力求勝者亦有敗時所以然者其所處置之勝道皆敵人已敗之形衆人未及知而獨能先見以措之故必勝

而不忒善之所由稱也此已上言敗敵之政敗於
未形者也張良運籌帷幄決勝千里裴度歸闕無
期蹉平淮蔡與此脗合○或曰忒疑貳也謂戰必
勝不必疑貳也或曰忒者窮極過甚之辭言勝之
易故不多爲之戰也或曰措當讀爲錯錯者雜也
謂勝敵之理非一途雜而料之也俱牵強詳之處上聲易去聲降音杭搴音牵脗音念

故善戰者立於不敗之地而不失敵之敗也

此通結上文正應首二句立即先爲不失即待不
敗之地即不可勝敵之敗即可勝也地字虛猶言

方所也言善戰者常為戒備先處於必不敗之
地而敵人有可敗之形又能察而乘之不失其機
則無有不勝矣此乃先立其本者不然人將圖我
之敗安能攻人之敗哉不敗之地如審法令明賞
罰便器用養武勇據地利之類越王十年生聚十
年教訓委國政於種兵甲於蠡謀之二十年一旦
乘吳有潢池之會國虛兵疲而伐之亦可槩見
或曰地要害之地也觀秦敗趙先據北山者勝宋
師伐燕得過大峴而勝則地之當立可知此是實
作地說詳之處上聲令去聲蠡音離潢音黃峴音現

勝兵先勝而後求戰

是故勝兵先勝而後求戰敗兵先戰而後求勝

此足上意以起下文言以此之故所謂勝兵者乃有制之兵先立勝人之本又知敵之可勝而後求與之戰此非萬全不鬬者故一戰即勝勝兵所由名也所謂敗兵者乃無制之兵既不能量己又不能料敵先與人戰而求偶爾之勝此輕合寡謀者故不得不敗敗兵所由名也先勝後戰如李牧謹烽多諜椎牛饗士知士皆願戰匈奴可誘然後一戰而破走之韓信先遣赤幟陣出背水知士必死戰陳餘可誑然後大戰而擒斬之又如趙充國圖

善用兵者脩道而保法

上方畧屯田金城知先零困斃罕开自下然後緩驅而服降之是也敗兵先戰如宋襄不知楚之不可勝而敗於泓水馬謖不知魏之不可勝而敗於街亭是也量去聲开音牽降音杭謖音速

善用兵者脩道而保法故能爲勝敗之政

道法二字所包者廣乃用兵之本敵之不可勝我者也要虗虗說猶云道理法度之謂政猶大事也主也承上言先勝不出於道法道懼其或廢當脩治之法懼其不存當保守之惟善用兵者如此故能爲勝敵之政而勝於易勝爲敗敵之政而不失

敵之敗見勝敗之大事皆由我主之也嘗稽諸古脩道保法大畧如鄧禹務悅民心而行師有紀孔明七擒孟獲而六出祁山李晟忠義激士而秋毫無犯武穆志存恢復而號令肅然之類○或曰道是上文攻守先勝之道法是下文度量數稱勝之法或曰道是仁義禮信之道法是號令賞罰之法或曰道是順於人心令民與上同意之道法是用兵紀律曲制官道主用之法或曰道是仁恩脩之使人懷法是威武保之使人畏俱通但恐孫子不如此指定言或曰能為勝敗之政謂能為我勝敵

度量數稱勝

之敗政也文義欠順詳之［易度量稱令並去聲］

兵法一曰度二曰量三曰數四曰稱五曰勝［度去聲音杜量去聲音亮數去聲音素稱去聲音秤註同後皆同］

此因上勝兵先勝由於脩道保法故引古兵法以見安營布陣皆有其法或攻或守不可不知先後之間當循其序乃勝兵之所以然也度有五分寸尺丈引所以度長短也量有五龠合升斗斛所以量多寡也數有五一十百千萬所以數其實也稱有五銖兩斤鈞石所以稱輕重也勝者應機制勝之術也隱括兵法大約有此五字且序不可紊下

文詳之或曰觀敵軍之形而度量之求知其數或多或寡相稱以知其勝則是相連而觧不必分五曰矣非度長音鐸入聲量多音良平聲數其音所上聲稱輕音偁平聲後註同

地生度度生量量生數數生稱稱生勝

興師臨敵必先擇營陣之地地有遠近廣狹用兵者當因形勢而度之故地生度既能度矣則當量其所容之多寡故度生量既能量矣則當知其多寡之實數故量生數既有定數矣則當使之踈密得宜與地相稱故數生稱地與兵既相稱矣則用之以戰無有不利故稱生勝此言法之效然五者

皆因地而得。是以自地生也。觀尉繚子曰。兵法篇

過度數。度謂丈尺。數謂什伍。度以量地。數以量兵。

地與兵相稱則勝也。亦與此相似。○或曰。度其地

之所賦。量其兵之強弱。數其人之多寡。稱其將之

能否。皆無彼己言。或曰。度計也。未興師先計地里

之迂直險易。量酌量也。次以斗斛量其糧餉多寡

數。是用其機變之數。稱是校其勝負之情。或曰。量

其地之大小。或曰。數其人之精劣。或曰。稱其勢力

之輕重。或曰。經東西緯南北。此度也。分左右列前

後。此量也。縱以四步立一人。橫以五步立一人。此

勝兵若以鎰
兵銖

數也或曰五者皆就敵地而言諸說紛紛不一學者詳焉將易並去聲

故勝兵若以鎰稱銖敗兵若以銖稱鎰鎰音溢銖音殊

此與下節皆言勝兵以明勝之有法也銖鎰二字考之群書韻府甚不同難辨今俱存之有云十二分爲銖又韻註十分爲銖又十黍重爲銖六銖爲錙又云八兩爲錙有云二十四銖爲兩朱熹趙岐孟康皆云二十兩爲鎰又韻註二十四兩爲鎰又云四十兩爲鎰又鄭玄三十兩爲鎰言在兵有勝負之形猶在物有輕重之勢以鎰稱銖者重可以

決積水於千仞之谿

舉輕也故勝兵似之以銖稱鎰者輕不可舉重也故敗兵似之總見有制之兵對無制之兵其大不侔如此侔音謀

勝者之戰若決積水於千仞之谿者形也舊本之戰下有民也二字非一本谿作溪差

八尺曰仞言勝兵而與人戰其始也韜形晦迹如在九地之下而敵莫能知及乘虛以出其鋒甚銳敵亦莫之能禦譬若決開積聚之水於千仞峭絕之深谿從高而注下者此軍之形也蓋水而曰積已深不可測決而曰千仞又疾無能止故似軍之

形耳。然則見形以制勝者用兵之所急見形於未然者良將之獨能此戰之所以常勝而稱善然必先為不可勝以待之斯可也尉繚子曰勝兵似水所觸丘陵必為之崩性專而觸誠也義亦與此相似已青以

兵勢第五

上篇言形此篇言勢蓋微露其端而使人莫測者形也奮出疾擊而使人莫禦者勢也兵形已成猶必任勢然後可以致勝故次於軍形為第五當作五節看自凡治衆

至實是也。是引起奇正之義。次至孰能窮之哉。是喻言奇正無窮。激水至發機。是明兵勢之妙。紛紛至待之。是明勢之有本。故善戰至末。則言善戰必資於勢以結之。大抵此篇所謂勢者。即營陣奇正之法。奇輔正而行。出之不先不後。適合其宜為貴。篇中彍弩轉石發機激石之喻。至明且盡矣。李衛公六花陣。正得於此。世人不善讀孫子。每恨不及陣法。殊不知上篇度量數稱勝。及此篇所言。皆陣之要旨。誠能以孔明

治衆如治寡
分數形名

八陣圖務而推演之則古人秘於千百世之上者悉可得矣。

孫子曰治衆如治寡分數是也一本分作去聲音問詳之註同

治統攝也兵非衆則寡治之者每寡易而衆難凡以不得其法也故先舉衆寡言之下鬪衆同夫偏裨卒伍爲分十百千萬爲數將能治衆多之兵如治寡少之易者正以其明乎分數故遞相統屬各爲訓練而惟總大綱於己無俟於人人命令之此所以如治寡之易也韓信多多益善似之若乎王過三百乘不能入者豈足語此哉。或曰分部曲

鬭衆如鬭寡

也。數。什伍也。或曰。分者。分別也。數者。人數也。或曰。分是分隊伍也。數是數兵之大數也。或曰。分者所定上下貴賤之分。數者所稽尺籍伍符之數。言殊而義一。故皆存之。夫音扶將令並去聲別音鱉數上聲

鬭衆如鬭寡形名是也。

鬭。搏擊也。旌旗麾幟爲形。金鼓笳笛爲名。將能鬭衆多之兵。如鬭寡少之易者。正以其備乎形名。故三軍視之而前却。左右聽之而進止。疾徐不限於耳目之所不及。而人皆奉命奮擊。此所以如鬭寡之易也。王翦六十萬人似之。若苻堅以百萬而敗

於泥水。爲知此義。或曰。形者。陣形也。名者。名號也。陣間容陣。各占分地。色按五方。認以鳥獸。使某將某陣。自有名號也。或曰。名。采章也。俱不如前說爲正。詳之。摶音剸將占並去聲幟音翅[舟加]音加

三軍之衆。可使必受敵而無敗者。奇正是也

受。猶承也。當也。奇正之說。諸家不同。曹操曰。先出合戰爲正。後出爲奇。與尉繚子曰。正兵貴先。奇兵貴後同。李筌曰。當敵爲正。傍出爲奇。梅堯臣曰。動爲奇。靜爲正。何氏曰。兵以義舉者正。臨時合變者奇。李衛公曰。正兵受之於君。奇兵將所自出。又曰。

大衆所合爲正將所自出爲奇又曰前向爲正後卻爲奇又曰兵合則以散爲奇兵散則以合爲奇杜牧曰陳數有九大將居中四面八方皆取準焉四正爲正四隅爲奇此皆以正爲正以奇爲奇未有相變循環之義惟太宗曰吾之奇使敵視以爲正吾之正使敵視以爲奇又曰以奇爲正以正爲奇混爲一法使敵莫測斯說最詳矣夫三軍之衆其心不一臨敵之際多畏而不敢當當而至於敗也將能統之皆可使心於當敵而無畏至於不敗而決勝者正以其善於奇正或以奇爲正或以正

兵加如以碫投卵

爲奇變化莫測此所以能當敵而無敗也韓信先遣二千人板趙幟後出背水陣士殊死戰卒斬陳餘於泜上先陳船於臨晉後用木罌從夏陽以渡軍卒襲魏豹於安邑殆深知奇正者宋襄不能當楚馬謖不能當魏而皆至於喪師者奇正之不知也嗟嗟良可痛哉○或曰必當作畢謂奇正還相生故畢受敵而無敗也欠通詳之 將陳喪並去聲 夫音扶[illegible]音[illegible]

泜音遲罌音英謖音速

兵之所加如以碫投卵者虛實是也 碫音鍛又音遐 卵音裸註同

碫礪石堅物也卵鳥卵脆物也言將之於兵能清

其分數正其形名變其奇正然後加之於敵一擊而即破如以碫石之堅投於鳥卵之脆者正以其審於虛實我勢實則可擊之彼勢虛莫能當我此所以如碫投卵之易也越勾踐教養二十年聚兵潢池之會而伐之類此大抵合軍聚衆先定分數分數明然後習形名形名正然後分奇正奇正審然後虛實可見此乃四者之序也孫子豈泛言之哉或曰引致敵來則彼勢常虛不往赴彼則我勢常實此即下篇致人而不致於人之說雖通恐於加字不順礪音利脆音翠將去聲潢音黄

戰者正合奇勝

善出奇者無窮如天地不竭如江海

凡戰者以正合以奇勝

此根上奇正來凡戰者謂但是戰者兩陣既對必要以節制之正兵先出而與敵合戰隨以犄角之奇兵或檮其旁或擊其後或攻其無備之處而勝之如鄭伯禦燕師以三軍軍其前以潛軍軍其外是也犄音以檮音島

故善出奇者無窮如天地不竭如江海終而復始日月是也死而更生四時是也更去

此承上以奇勝而喻出奇之妙善者贊美之辭言合戰特易出奇爲難故惟善於出奇者其奇之無

窮極如天地氣運之久其奇之不竭盡如江海浩蕩之深其奇之既終而復始日月之代明入而復出是此道也其奇之既死而復生四時之錯行往而復出是此理也雖分四端總是奇之無窮意不必兼正言

聲不過五五聲之變不可勝聽也色不過五五色之變不可勝觀也味不過五五味之變不可勝嘗也（勝音升下同）

此承善出奇之喻而復推廣足其意以起下奇正之變也五聲宮商角徵羽五色青黃赤白黑五味

戰勢不過奇正

奇正之變不可勝窮

奇正如循環無端

酸鹹苦辛甘。不過者。止於此之義。變則無窮矣。不可勝。雖欲窮之不能也。然則膠常襲故。設一軍於旁而即曰奇者。豈知奇之義哉。愚亦甚矣。鹹與盬同

戰勢不過奇正。奇正之變。不可勝窮也。奇正相生。如循環之無端。孰能窮之哉。

此篇名兵勢。至此方點出勢字。後皆詳言。循。轉也。環。圓物也。或曰。即車輪端頭也。孰。誰也。承上言由聲色味之變觀之。則戰陣之勢雖多。亦止於奇正而已。但至於左右前後。隨機而變化。則紛紜混沌千途萬轍。亦如五聲五色五味之變。不可窮究也。

激水漂石

或以正而生奇奇正相依而生如循環無有端倪誰窮究之哉有窮則敗矣然則奇正者豈非用兵之鈐鍵制勝之樞機耶雖帶正言實重在奇上大抵古人用奇非止於一有以兵爲奇者有以地爲奇者有以時爲奇者如韓信之拔幟馬援之繞後是以兵爲奇也如鄧艾之由陰平趙奢之據北山是以地爲奇也如李愬之冒雪入蔡李存勗之因霧敗梁是以時爲奇也隨機應變因利制權故爲善出之耳鈐音乾鍵音建又音鑰攄音書幟音翅勗音畜

激水之疾至於漂石者勢也鷙鳥之疾至於毀折者

節也漂音飄鷙音至折音舌註同

此以下皆論奇正所發之勢激衝擊也漂流動也鷙鷹鸇之屬能執殺鳥故名鷙毀折傷斷而猶連也夫水性柔弱非石之比惟因險隄阧岸狹隘之處激之疾流而至於漂動其石者由自高趨下得疾速之勢然也又鷙鳥之於衆鳥均一鳥耳然其擊衆鳥也迅速猛厲乘勢而來必至於毀折其翼者由自近及遠得用力之節也向使水之不激亦洋洋順流耳勢固無以自見鷙之不疾亦緩莫能中耳節亦無以自明烏能漂石毀折哉此喻兵之

善戰者勢險節短

奮發疾出雖堅陣亦可破量度得宜則勝之為必然也○或曰石剛重之巨石也毀折雖大過鷙者亦毀傷折斷也覺又義深詳之斷音段夫音扶料音斗中去聲量音亮度音鐸

故善戰者其勢險其節短勢如彍弩節如發機彍音霍又郭廓二音

此承上勢節以發明險短之義雖分二字節實勢中之節短乃險中之短也險疾也峻急之意短近也迫促之候彍張滿也機弩牙也夫由水之漂石鷙之毀折觀之故善於戰者其布列之勢必險險

則迅疾有待而人難以禦其量度之節必短短則
志專力勁而易於取勝然勢既險則不止於激水
漂石已也如弩之張滿猛而傷人何險如之節既
短則不止於鷙鳥毀折已也如機之發動近而必
中何短如之此喻戰之遇敵當養氣畜力而凜然
可畏使敵莫能當及趨利奮擊則宜近取而不失
於遠馳力憊使敵得避也故曰疾入流矢擊如發
機世有布陣無遠近之方出奇昧緩急之候者可
深省矣如司馬懿八日抵上庸而斬孟達王彥章
三日趨南城而破晉軍此兵勢之用其疾也翹義

衛公孫瓚發伏於數十步之內周訪敗杜曾奔赴於三十步之外此量度之中其節也夫音扶量易中並去聲已音以度音鐸勁音徑憊音敗趨音曲

紛紛紜紜鬬亂而不可亂渾渾沌沌形圓而不可敗渾上聲舊本亂與敗下皆有也字

自激水之疾至此皆言陣法與上篇度量數稱勝相貫通紛紜者散雜無行列也乃鬬亂之貌渾沌者旋繞無向背也乃形圓之象言陳兵之術示於外者必欲有以形乎敵治於內者必欲有以立其體彼旌旗離合士卒進退若散雜無統而鬬之亂

者其實部伍素分號令素定自有節制嚴明整齊難犯者在不可得而亂之此示之於外以形敵也車徒環繞行陣流轉若圓融無別而形之圓者其實奇正協宜分合協度自有周旋莫測無隙能乘者存不可得而敗之此治之於內以立體也愚按陣法自黃帝立丘井而制井分四道五爲陣法所謂數起於五也四正四奇諸部連繞所謂終於八也陣間容陣隊間容隊前後左右皆可防禦行必魚貫立必鴈行長短不同皆可相參田軍轉陣則以前爲後以後爲前進退不速觸處爲首敵衝其

中。兩頭皆救。餘爲握奇。奇者零也。大將握之以居於中。所謂先出遊軍定兩端是也。此古陣之義。後世若孔明之方陣。李靖之六花陣。唐太宗之破陳樂舞。大抵皆其遺制耳。（行音杭　令將陳並去聲　別音鼈　隊音氣）

亂生於治。怯生於勇。弱生於強。

此因上亂而不亂。推言匿情毀形之術也。治亂以三軍言。勇怯以人力言。強弱以兵威言。條理整齊爲治。紛紜渾沌爲亂。治何以生於亂也。蓋已必至治。然後能爲僞亂以誘敵。是亂因治而生也。驍猛敢鬭爲勇。遷延畏縮爲怯。勇何以生於怯也。蓋已必至勇然後能爲僞怯以伺敵是怯因勇而生也精壯衆盛爲強老憊寡劣爲弱強何以生於弱也蓋已必至強然後能爲僞弱以驕敵是弱因強而生也三者最爲難事非精熟於兵者不能此見出奇之有本○或曰恃治不撫其下則亂生如秦并天下自稱始皇焚書坑儒暴虐無已卒令陳勝吳廣乘弊而起二世云亡是也恃勇惟知有已則怯生如苻堅伐晉自誇百萬投鞭而濟可以斷流終於退不能止風聲鶴唳草木皆兵是也恃強惟欲陵人則弱生如夫差怨深楚越威加齊晉名高天

下爭長潢池反致為越所敗城門不守兵圍王宮是也此說發生字雖通但非孫子明上鬬亂不可亂之旨憊音敗已音以令平聲斷音段差音釵長上聲

治亂數也勇怯勢也強弱形也

此承上申言治不可以為亂能偽示之而非其亂者以其明十百千萬各有相統部曲之數也勇不可以為怯能偽示之而非真怯者以其藏鋒畜銳不肯輕出因攻擊之勢也強不可以為弱能偽示之而非真弱者以其卑詞屈己見利不爭張欺誑之形也治而示亂如韓信佯棄旗鼓而斬陳餘勇

善動敵者以
本待
必從必取

而示怯。如孫臏令軍減竈而頸龐涓。強而示弱。如
匈奴匿其壯肥。而困漢高於白登之類。○或曰。治
亂者。治其亂也。勇怯者。勇其怯也。強弱者。強其弱
也。三者皆由於將之觀變乘機以激成之。或曰。一
治一亂。不由人與。乃陰陽消長之數也。或勇或怯。
兵原無定。乃勢之得失也。或強或弱。非無所本。乃
形之暫變也。詳之。令將並去聲長上聲

故善動敵者。形之。敵必從之。予之。敵必取之。以利動
之。以本待之。予即與上聲以本舊作以卒非

此亦是承上來。善動者。謂敵人本靜而有備。我能

詭計以致其動也形之即上示僞亂僞怯僞弱之形以誘之也予之謂以僞亂僞怯僞弱之利與之也敵必從必取正見善動處以利動之又承形之必從予之必取言皆敵之所利故能動之來而從之取之也本猶根也即真治真勇真強也以此待敵是恃其彍弩之勢發機之速所謂節制之師矣敵不知而輕來與戰安能逃我之險與節乎或曰形之不止於弱雖強亦可以形之蓋兵無定用我強而敵弱則示以弱形而引之來如孫臏減竈是也我弱而敵強則示以強形而使之去如虞詡增

善戰者求之於勢　善戰者擇人而任勢

竈是也子之不止於亂怯弱之利凡敵之所欲皆是如李牧以畜產誘匈奴楚人以採樵致絞人是也以本待之不止於眞治眞勇眞怯之本凡可必勝而不敗者皆是如趙奢厚集其陣以待秦師鄧禹休兵積穀以待赤眉是也詡音許

故善戰者求之於勢不責於人故能擇人而任勢任勢舊本作任之非

此承上言敵固當善動猶當因勢而行之也責亦求之意求之於勢者謂乘險速進使敵莫測求必勝之勢於已也不責於人者謂戰得其勢則怯者

亦勇不求全責備於人力而強使之進也擇人任
勢者言惟不責備則材之大小皆可以用故能擇
然勢有不同用人亦異欲為此勢必須如此之人
故宜任之求之於勢如韓信驅烏合之衆而陣出
背水杜預乘破竹之勢而徑造秣陵之類不責於
人如秦穆悔過不責孟明之三敗衛青諒敵不斬
蘇建之喪軍之類擇人任勢如曹操征漢中遺手
教於合淝命張遼李典出戰薛悌樂進居守果敗
孫權十萬之衆張巡守睢陽懸像以激士心因賊
勢變幻不一令將卒各自為戰果著屢敗思明之

績之類。或曰求於勢之可乘而專出機權不責備於人之能否故不惟治勇強可用雖亂怯弱者亦可隨材器使擇而任之以可乘之勢也或曰求敵之勢而得之則必勝不必更責成於偏裨不才之人苟不獲已而用人須當擇有材之人專任之以行止之勢謂不從中制由其便宜也或曰用人之法求於自然之勢不責於人之不能故能擇人之所長而任之如晉悼公類能而使之李衛公各隨蕃漢所長而用之也強上聲造音躁夜將並去聲幻音患令便並平聲已音以

戰人如轉木石

任勢者其戰人也如轉木石木石之性安則靜危則動方則止圓則行

此明擇人任勢之理言用人以行勢固如激水漂石使機發弩矣其與人戰而欲其前往也則如推轉木石然木石之性置之安地則靜置之危地則動方正則止圓斜則行皆自然之勢也夫木石不可以言喻惟因其性而以勢使之遂運轉而去然則人之動靜行止之性亦猶是也裁之以勢之險制之以節之短則不容已之機亦自在其中矣故曰兵士甚陷則不懼無所往則固入深則拘不得

轉圓石於千仞之山

已則闘。夫音扶 已音以

故善戰人之勢。如轉圓石於千仞之山者。勢也

此足上意。以明勢不可禦。盖石而曰圓。已有不定之體。山而千仞。又有壁立之形。轉之於上。從高而下。其勢不可遏止者。由勢使之也。則夫兵在險地而迅烈莫可制禦。非勢而何。要之轉者。石也。而所以轉者在山。不在石也。戰者。人也。而所以戰者在勢。不在人也。故兵之任勢。誠如峻坂走丸。用力少而成功多且速也。如樂毅藉濟西一戰。遂并強齊杜預兵威已成。遂下建業。殆合此義。按李衛公曰。

兵有三勢。將輕敵。士樂戰。志勵雲。氣飄風。此氣勢也。關山險路。羊腸劍門。一夫守之。千夫莫過。此地勢也。因敵怠慢。勞逸饑渴。前營未舍。後軍半濟。此因勢也。若此篇。則止言兵貴任勢。以險迅疾速為本。此所以但求之勢。而不責人也。學者必合而觀之始備。巳音以夫音扶峻音俊坂音板將舍並去聲樂音洛

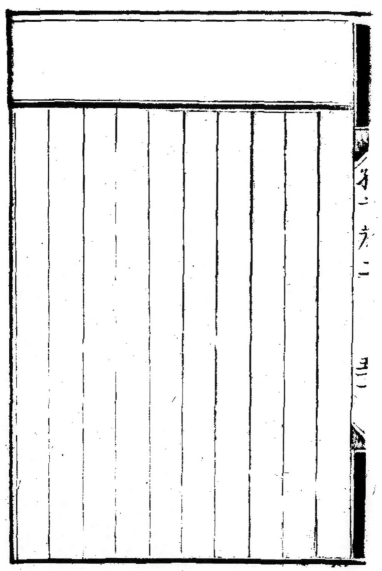

孫子卷三

浙江解元鍾具何守法校音點註

門弟庠生三具何守禮　標題

門生進士仁齋宋德隆

武舉紹巖王世盛

繼巖王世興

調宇陳廷和　同訂正

虗實第六

形篇言攻守。勢篇言奇正。善用兵者先知攻守兩齊之法。然後知奇正。先知奇正相變之術然後知虛實盖奇正自攻守而用虛實由奇正而生故此篇次於勢爲第六然是虛實也彼我皆有之我虛則守我實則攻敵虛則攻敵實則備是以爲將者須識彼我虛實不識虛實而用兵則當備而反攻當攻而反守欲其不敗難矣篇中雖語句雜出立意煩多而沉潛玩之節節俱有次序血脉已於每節下提明故不復總分然約而言之不過教人變敵之實而爲虛變己之虛而爲實以施攻守焉耳觀唐

先處戰地待敵者佚致人而不致於人

太宗曰。諸家兵書。無出孫子。孫子十三篇無出虛實。用兵識虛實之勢。則無不勝。吁。太宗誠知兵之深哉。將去聲

孫子曰。凡先處戰地而待敵者佚。後處戰地而趨戰者勞。故善戰者。致人而不致於人。處上聲註同後同趨時本作趨趨義同

戰地。形勢便利之地也。我先據之。以待敵人之來。則爲主矣。士馬閑暇。而力有餘。何其佚也。若敵人先居之。而我後至。是謂後處。未免奔趨以求戰。則敵爲主。我爲客。士馬疲倦。而力不足。何其勞也。故

善戰者知此勞佚之分惟誑誘敵人使之就我不爲敵人所誑誘而往赴夫然吾知在我常佚在敵常勞勞佚之勢殊而虛實之形亦從可知矣先處後處如趙奢先據北山以待秦兵秦兵後至而爭不得上奢遂大破之以解閼與之圍馮異先往栒邑以候行巡行巡不知而後於馳赴異遂擊走之以著全成之績又若北齊段韶議先結陣完以待後周帥突厥之至果盡殪其前軍西魏李弼請先據渭曲以待東魏齊神武之來果大衄其士衆是也致人不致如孫臏之救韓趙直走大梁滅竈示

斫大樹白書設伏馬陵致龎涓之來而破之耿弇先脅巨里多伐樹木揚言塡塹趨脩攻具陰緩生口致費邑之來而斬之是也愚意便地當先處而後趨之則勞固矣設使敵已先處我欲免趨赴之勞果何如而可也亦惟不往敵處引軍别據以示不戰敵將謂我無謀必來攻襲則敵反勞而我佚矣如公孫文懿堅阻遼水欲老魏兵司馬懿乃不攻而直搗襄平以牽動之之類兵家虛實之變大率如此

或曰所戰之地我宜先到立陳以待彼則已佚矣彼先結陣我後至則我勞矣此只言處

之先後全無趨利意夫音扶掬音損殪音意衂音恧女六切塹音千去聲趨音促費音廢能使敵人自至者利之也能使敵人不得至者害之也

此乃致人之術能使者見敵之至否由我使之不能自主也利之如委棄輜重偽示羸弱偏師野次佯北退走之類敵未必至能使之自至者正以利誘之而敵必貪取焉耳害之如絕其交援擣其巢穴攻其必救守險埋伏之類敵雖欲至能使之不得至者正以害牽之而敵必顧愛焉耳夫自至則

敵必勞而虛不得至則我常佚而實抑且反使其虛矣豈非致人之善術乎利之如李牧縱畜佯北以致匈奴楊素毀車却走以誘突厥之類害之如孫臏直走大梁而龐涓不敢圖趙曹操攻賊山屯而於毒即棄武陽之類輜音資羸音雷巢音潮夫音扶

故敵佚能勞之飽能饑之安能動之

此是變敵之實而爲虛故敵本居處暇佚我能晝爲疑兵夜爲掩襲來則退守去則追逐多方以誤之使其疲於奔命而勞也敵本糧餉充飽我能焚其積聚絕其運道掠其田牧擾其農時多方以奪

之使其無所資食而饑也敵本恃安靜固守以老我師我能辱之使怒閒之使疑阻之使爭利之使趨多方以亂之令其勢不獲已而動也即上不得不至意夫曰佚曰飽曰安皆敵之實也而能勞之饑之動之則反致其虛矣主客雖殊其變則一勞之如伍員請闔閭爲三師以肄楚一師至彼必皆出彼出則歸彼歸則出既罷而後以三軍繼之楚人始病隋高熲平陳之策謂量彼收穫之際徵兵上馬聲言掩襲待其聚集便乃解甲陳人果廢農事而病是也饑之如白起張二奇以絕趙括之後

使內陰相殺食亞夫委梁地以絕吳楚糧道使食盡而遁去又如曹操燒烏巢之糧而袁紹敗隋人燒江南之積而陳人困皆是也動之如晉臾騈爲堅壁之謀秦伯挑其裨將於是三軍皆出與戰文懿爲阻水之計司馬搗其巢穴於是賊兵出邀而敗是也間量並去聲今平聲已音以夫音扶員音云肄音異頻音拱騈音便平聲裨音皮出其所不趨趨其所不意行千里而不勞者行於無人之地也

此承上言敵以勞饑動之故氣怒而心煩計拙而形見矣於是我兵乃出其所不趨之路趨其所不

意之處故雖行千里之遠而無阻絕轉戰之勞苦
者蓋行於無人防守之地正敵之不趨不意者行
止在我故可不勞而乘虛勝之也能乘其虛則亦
不害其爲實矣不趨不意總是敵不守備之處也
千里大約言其遠也無人之地非果無人不能守
備如無人也尉遲廻以蜀與中國隔絕百年恃山
川險阻不虞我師之至遂選輕騎襲之卒以平蜀
狄青擊儂智高因其懈惰不守崑崙遂勒步騎無
行分左右擊破之是不趨不意也劉艾伐蜀行無
人之地七百里李靖平吐谷渾行二千里空虛之

地是千里不勞也○或曰無人之地不但敵人不守備凡守之不固備之不嚴將弱兵微糧少勢孤者皆是此說覺又深一步迴音欒上聲瞬去聲渾平聲少上聲

攻而必取者攻其所不守也守而必固者守其所不攻也

此承上千里不勞句法以攻守言之攻動於九天之上使敵莫備而必取者乃攻敵之所不守也如敵守其東我攻其西敵守其近我攻其遠之類或云攻其別處使敵往救伺其還而襲之亦是此蓋虛之故攻必取也守藏於九地之下使敵莫測而

必固者乃守敵之所不攻也如地無險要非能爲害城無控扼非可爲利之類或云敵雖不攻之處我亦守之而畧無踈懈亦是此爲巳之實故守必固也攻不守如耿弇擊張步聲言先攻西安西安警守乃乘夜半而掩取臨淄之無備朱雋擊黃巾鳴鼓攻東南衆悉奔赴乃將精卒而掩取西北之空虛守不攻如周亞夫堅壁拒七國吳奔壁東南陬亞夫使備西北俄而攻西北不得入孔明在沔陽坐守魏師大至孔明開門却洒魏疑有伏而不敢攻此皆其一端也蘇老泉攻守篇好當參看雋音

善攻敵不知守
善守敵不知攻

俊陬音鄒
沔音免

故善攻者敵不知其所守善守者敵不知其所攻
此兩句什上文意不知者言遇攻守之善則已之攻守之計不知所出也夫因攻而守以應之兵之情也惟善攻者機密不泄攻於此又形於彼敵必備多而力分安能知其所守此所以攻之必取也因守而攻以破之軍之經也惟善守者周備無隙守於此又聲於彼敵必見害不敢近安能知其所攻此所以守之必固也所以然者蓋由我能知彼之虛實彼不知我之虛實也知則以形而形之不

知則爲形所誤然則不知者之攻守豈不聽命於知者乎不知守如韓信陳船臨晉而兵從夏陽魏遂不守安邑劉裕船向黃武而徑襲廣漢蜀遂失其涪城之類不知攻如周亞夫禦七國知吳佯攻東南而先使備其西北吳卒不能攻入宋王明伐金陵知令贇沿流救援而多立長木若檣令贇遂疑而不進之類或曰善攻者器械多也東魏高歡攻鄴是也善守者能謹備也周韋孝寬守晉州是也夫音扶涪音浮令去聲贇音賓檣音詳

微乎微乎至於無形神乎神乎至於無聲故能爲敵

之司命。
此因上善於攻守者敵不知。故贊而美之也。微乎微乎。深言其隱秘至也。神乎神乎。深言其變化速也。司命。註見作戰篇。夫觀攻守之術。敵不能知。則是微而又微。至於無形之可見。神而又神。至於無聲之可聞。故在敵也。難於應備。而死生之命。皆制於我矣。豈非爲敵之司命乎。若非微妙神速。何以能之。如增竈減竈之莫測。偃旗仆鼓之難知。皆其類也。愚意三軍之衆。百萬之師。安能無形與聲哉。但敵人不能窺聽。有似乎無形與聲耳。故善兵者。

通於虛實之變遂可以入於神微之奧不善者率然尋微索神而泥於用之之粗自不能泯其形聲信乎兵之神微極致必自通虛實變中來也○或曰善守者隱其迹故微之極而無形可見善攻者秘其謀故神之極而無聲可聞此是以攻守分神微說或曰雖有形非真形也縱天下之明目難以窺故曰無形雖有聲非真聲也縱天下之聰耳難聞故曰無聲此是以形聲作實事說豈知武之論虛實而及攻守特總贊其敵不知之故擬議至此非果指定形聲言也又何必於分屬耶見音現 夫音扶

泥去聲

進而不可禦者。衝其虛也。退而不可追者。速而不可及也。

此言豈惟攻守神微。爲敵司命。雖進退之間。亦我能制敵處於實。而敵不能制我入於虛也。彼對壘相持之際。不進則已。進則敵不可止禦者。以其知夫虛弱之處而衝擊之。故難禦也。不退則已。退則敵不可追逐者。以其善於歸還之速而不能及。故難追也。重在虛速二字。虛不止城壁空虛行陣弱處亦是。速只是因勢之當退而欲全軍。必速方可。

遲則恐爲所困惱也或於進字上加卒然意或於退字專指得利而退守皆非或云欲退反示以進攻使輜重老弱先行然後大衆始發故可速行而追莫及此是推能速之由或又云既衡其虛則敵必敗敗喪之後安能追我故得以速退不可及也此又是連進說敵敗不及追反遺速字且張繡敗後何亦能復追操軍而及之似俱費力不如依前說順口氣爲當衝虛如李密與王世充戰於洛上不勝乃南渡潛師竟襲世充營世充聞烽舍東月城之圍奔回四十餘里援之不及遂大敗喪師是

也。速不可及。如虞詡為武都太守。因羌衆遮於陳倉崤谷。乃詐言上書請兵。日夜速退無行百餘里。令士增竈。羌不敢逼是也。巳音以　夫音扶　行音杭　卒音猝　舍音捨　詡音許　令平聲

故我欲戰。敵雖高壘深溝。不得不與我戰者。攻其所必救也。我不欲戰。雖畫地而守之。敵不得與我戰者。乖其所之也。

此言戰守由我。所欲。而敵不能阻之也。高壘深溝可守之險也。必救。如絕其糧道。掠田牧。搗巢穴。據要路。困其君主妻子之類。亦主衛虛意。畫地非真

畫其界限謂無城壘之固攻之易也乖違也之往也如偃旗息鼓佯爲伏兵之狀解甲卸鞍詐爲餌兵之形之類亦變敵實爲虛意欲戰不欲戰無主客言不必分爲客欲戰爲主不欲也彼在我兵強而食少敵勢弱而糧多則利於速戰故我欲之敵雖有險可恃不得不舍而出者由我攻其所顧愛爲敵之必救也在我糧多而卒寡敵食少而兵衆則利於不戰故我不欲雖無險以守而敵不敢來者由我設權變疑之乖違其初往之心也昔春秋如秦伯伐晉臾駢爲固守以待之謀士會請襲趙

寀於是三軍齊出是不得不與戰也晉之救宋狐偃謂楚始得曹而新婚於衛但伐曹衛則楚必救之而宋圍自解又孫臏直走大梁耿弇先攻巨里司馬懿徑指襄平馬燧俘趨魏州是攻必救也鄭因楚之伐懸門不發效楚言而出楚不敢進而遁趙雲將數十騎往探遇操揚兵大出雲遂回營大開其門偃旗息鼓操疑有伏而去孔明屯沔陽因司馬懿突至乃大開四門安坐却洒懿懼有計而奔是不得與戰乖所之也○李筌曰若入敵境則用太一遁甲真人開六戊之法以刀畫地為營也

形人而我無形

或曰。置疑兵於敵惡之所。立此營於形勝之地。即畫地也。或曰。乖。戾也。戾其道。示以利害也。或曰。乖。異也。設詭異而疑之也。俱欠通。不可從。撟音劇　巢音潮　卸音瀉　舍音捨　對音便平聲　惡去聲

故形人而我無形。則我專而敵分。

此因上攻守而總言以起下文。自此至與戰者寡。皆是能虛敵而實我。形人者。示攻取之形於人也。如使輕銳遊奕之兵。虛張聲勢。流言詭詐。觸左擾右。突後驚前。列炬揚塵跣旗結草之類。實則深謀秘計。滅迹韜聲。而攻守無形。使敵莫窺也。夫敵既

莫窺則在我也。如登山而瞰城，可合衆以臨之；在
彼也。如垂簾而窺內，不得不分勢以備之矣。若衛
雖計淺，為敵所窺，遂以形於彼者而形之於我，則
反聽命於彼，豈非形之為害乎。此所以形人者，又
貴於無形也。愚按形人，又有以虛實言者，蓋因此
篇名虛實也。又有以奇正言者，蓋因唐太宗曰：吾
之正，使敵視以為奇；吾之奇，使敵視以為正，斯所
謂形人者歟。以奇為正，以正為奇，變化莫測，斯所
謂無形者歟。故以奇正言也。豈知虛實者，兵之體；
奇正者，兵之用。若欲形敵，必在攻守，惟至於善則

無形也。如孫臏示減竈之形而消不覺。乃棄步兵以追之。虞詡示增竈之形而羌不知。乃各散去而不逼之類。○或曰。敵人有形可見。我則無形可窺惟可見。故我能專。惟不可窺。故敵必分。詳之。夫音扶

我專為一。敵分為十。是以十攻其一也。則我衆敵寡能以衆擊寡。則吾之所與戰者約矣。

此承上言十攻其一大槩之數。衆寡二字。由於十與一而生。約。少也。謂我之所敵少也。或曰。用力少而成功多也。蓋專則聚。故為一。分則散。故為十。敵既分為十。則每處一分矣。我不分而專為一。則十

分於敵矣且又盡知敵情虛實由是與戰誠若十分而攻其一也十分則我衆散而各一則敵寡能以衆擊其寡則吾之與戰者約而不煩其勝也易矣如曹操與袁紹相持於官渡因其兵衆乃襲烏巢以分其勢而紹遂敗去之類蓋兵專聚則衆強分散則寡弱理勢然也共上聲一分十分俱去聲

吾所與戰之地不可知不可知則敵所備者多敵所備者多則吾所與戰者寡矣新本吾下有之字不敢遂從增入備音避下皆同

上以與戰之人衆寡言此以與戰之地無形言寡

亦必也不可知謂我與敵必戰之地因不露其形敵不可得而知也或曰不可使先知之知則能併力拒我也所備多謂因不知隨在輙為備也與戰寡謂敵衆散則弱勢分則衰所以處處皆虛我以全鋒而攻其當攻之地無不破矣故曰寡也漢王出宛葉閒項王引兵南則堅壁不與戰復使彭越破薛公於下邳羽使終公守成皐而自東擊越漢王又壯擊破終公軍成皐出入往來無定卒以敵楚裴方明出益州東門破群盜三營斬首萬級賊雖敗復合方明又偽出壯門迴擊城東大營時大

霧方明又揚聲出東門而潛出北門攻城西諸營賊衆莫測於是潰散此皆不知戰地而備多者也

少上聲 葉音設

故備前則後寡備後則前寡備左則右寡備右則左寡無所不備則無所不寡寡者備人者也衆者使人備己者也

此申上所備者多言敵若備其前則後之兵必寡備其後則前之兵必寡左右亦然若無處不備則無處不寡矣然所以寡者謂不識兵形分散之而廣備於人也所以衆者謂己不設備惟專一而使

人備已也前後左右以近言無所不備無遠近而言大抵善攻之兵隨處設形不知其虛實故亦隨處而備若能視敵無故之形而謹察之則疑於心者以謀應疑於目者以靜應自足以消姦僞何必於多備也吁敵誠有真形當不使吾得見矣如諸葛亮出斜谷司馬懿屯桃源數日亮盛兵西行諸將皆謂攻西郭淮獨以為此見形於西欲官軍分應之實攻遂陽耳亮果攻之因不分難援而退此郭淮之不分備也王僧辯討侯景景兵萬餘騎八百匹陳於西州之西陳霸先曰我衆彼寡應分兵

千里而會戰

制之何故聚其鋒銳令致死於我乃命諸將分屯景果分備遂縮弱而大潰此侯景之分備而寡也

騎將並去聲令平聲

故知戰之地知戰之日則可千里而會戰不知戰地不知戰日則左不能救右右不能救左前不能救後後不能救前而況遠者數十里近者數里乎

此因上不可知以明戰地戰日之當知而又言不知者之患也夫舉兵伐敵於其來戰之地在於何處合戰之日在於何期能先知之使敵之至果如所料則廟筭素定勝負豫決備者專而守者固雖

千里之遠可會合將士以赴戰而取勝也千里大約言其遠言遠則近可知不然則迷於所往之地謬於所定之期備不專而守不固忽遇勁敵倉皇失措即左右前後亦不能救援而況遠者數十里消息之所不及聞近者數里形名之所不及到者乎此爲將者所以必知之庶以衆擊寡以實擊虛而常勝之道在我也如孫臏之誘龐涓度其暮當至馬陵而伏萬弩以待司馬懿之伐公孫文懿棄遼水而走襄平預以一年爲期是皆知戰地戰日者又如苻堅伐晋至淝水遠不能攻梁成於洛澗

近不能救符融於陣前任福禦元昊衂不知地而乘利以速進既入其伏而大敗於好水此蓋不知地日而左右前後不能救者○或曰知戰地知地之空虛險易也如鄧艾走陰平而直衝成都周德威去河水而移軍鄗南之類知戰日知戰於何日可勝也如王彥章三日破南城岳武穆八日破楊么之類如此則可千里期會先往以待之若敵已先至則不往以勞之或曰千里會戰謂度地設期分軍雜卒遠者先進近者後發雖在千里同時而合其地與日又無令敵知故敵常備我而力分我

則專一可勝也。此二說，兵以千里作實講，詳之。夫音扶，將去聲，度音鐸，么音夭，已音以。

以吾度之，越人之兵雖多，亦奚益於勝哉。故曰：勝可爲也。敵雖衆，可使無鬭。吾如字，不必依張賁作吳字。度音鐸，註同。舊本勝哉作勝敗哉，詳之。

越，吳之讎國也。此乃孫子因上戰地戰日，特爲此相時料敵之言，以與吳王闔閭論也。謂以吾心忖度之，越兵雖多，不知戰地戰日，則必分而勢弱，救之不及，亦何益於取勝哉。故曰：勝敵之法，可爲之於己也。夫可爲，即知戰地戰日也。敵能知之，可以前闘既不能知而我知之則專一不露乎其所之敵人雖衆可使之分備之不暇安能齊力而與我相闘也此勝之所以可爲也可見知戰之地日爲實不知者爲虛虛實辨而勝負明矣然軍形篇言勝不可爲而此言可爲者蓋彼以攻守言敵若有備則我難於爲力故不可爲此以虛實言越既不知戰地日則虛矣以我之實而擊其虛特易耳豈不可爲乎兵法如珠走盤不當執泥者以此○或曰越過也越人之兵乃勢力過人之兵因不知戰地日故雖多無益也相泥並去聲夫音扶

策之知得失之計
作之知動靜之理

故策之而知得失之計作之而知動靜之理形之而知死生之地角之而知有餘不足之處

此言知戰地戰日由於候敵之有法故敵雖於鬭也策籌策也計計敵之計謀也據敵之事理勢力而籌策之則其計之得失可知即始計篇校之以計而索其情也作激作也理兵之條理也微以意挑之而先起其端或探其喜怒或示以利害使敵應我則其理之動靜可知動靜猶治亂也形多爲攻取之形也或偃旗息鼓或列炬焚芻或利誘之進或勢懼之退觀其有備無備則地之死生可知即

兵勢篇形之敵必從之也角觸也左傳曰左右角之謂張兩角從旁攻之也言先以奇兵角之則彼必拒何處有餘而強何處不足而寡皆可知也夫策之作之用謀於未戰之時形之角之用兵於將戰之際而敵之得失動靜死生有餘不足俱可知焉則吾之行止有主矣敵安能與鬬乎此所以勝可為也愚意策之作之形之角之四者出於我者也得失動靜死生有餘不足八者應於彼者也此篇專說虛實而得也靜也生也有餘也非敵之實而何實則當周密而備之失也動也死也不足也

非敵之虚而何虚則當速乘而擊之又能使敵之得而復失靜而反動生而至於死有餘而變爲不足則實嘗在我虚嘗在敵矣策之如漢薛公料黥布之必出下策魏于謹料蕭繹之必用下策之類作之如晉文公拘宛春以怒楚將子玉子玉遂乘晉軍孔明遺巾幗以怒司馬懿而懿不出又如吳起令賤而勇者嘗敵即知將之有謀與愚韓信探知陳餘不用李左車之言然後敢出井陘之類形之如孫臏減竈示弱而設伏馬陵誘龐涓頸於斫木之下韓信佯棄旗鼓而走入水上誘趙軍亂於

形兵之極至於無形無形深間不能窺無形智者不能謀

空壁之追之類。衛之如光武以兵三千。親犯尋邑之中軍。謝玄遣劉牢之領兵五千。斬梁成於洛澗之類。○或曰。作。施爲也。或曰。作。當爲候。或曰。作乃詐字之誤。俱謂引誘之意。或曰。角。量也。（傳音篆去聲夫音扶）（幗音谷令平聲陘音刑斫音着）

故形兵之極。至於無形。無形則深間不能窺。智者不能謀。（間去聲註同）

此承上見敵情雖可知。而我之形則不可測也。形即虛實之形。彼我皆有之。與前形人指攻守說不同。言我之於敵。其始也。示之實而以虛形之。原非眞虛本虛而以實形之原非真實乃隱閉不露深藏不顯到極致之處而卒歸於無形則敵之耳目愈亂狐疑愈多視我如神仙鬼魅之變幻惘然而莫測矣故雖深於間諜者不能窺其隙周於智慮者不能運其謀蓋深間之與智士能巧得人情者不過覘其形以因微知著而已我既無形可見又何自而窺之謀之哉此所以攻之彼不知守守之彼不知攻也如孫臏減竈而龐涓不知其強虞詡增竈而羌人不知其寡孔明開門卻洒而司馬懿莫測其虛韓淮陰佯走水上而成安君莫識其詐之

因形措勝衆
不能知

類此皆形而無形之故也魋音末僩音罔覘音占去聲

因形而措勝於衆衆不能知措舊本作錯義同

此承上言不惟敵莫測雖衆亦不知也形乃敵之變動之形即前得失動靜死生有餘不足之八者非在已形人形兵之形也措置也言我之於敵能策作形角以知其所露之形而因之然後設爲方畧措置勝道於衆人在衆人則惟聽吾之轉運而不能知識也○或曰因形因形兵之妙也衆不能知謂惟智者能知之衆人乃庸常之流不可得而知也雖通但與下不相貫

人皆知勝之形
戰勝應形於無窮

人皆知我所以勝之形而莫知吾所以制勝之形故其戰勝不復而應形於無窮

此明上衆不能知而因言應之無窮也二形字俱在己之形與上因敵之形不同復再也所以勝之形謂搴旗斬將之形奇正所出變化所著露之於外故人皆知之所以制勝之形謂運於一心之間度量彼己黙奪潛施原無其形故人莫知之然則衆不能知者正所以制勝之形也夫戰者既因敵形而用此謀以制勝則後不再用惟隨敵形而出奇應之無有於窮盡何也盖敵之隙因形以見者

兵形象水
兵因敵而制勝
因敵變化取勝謂之神

本無窮。故吾之應之。亦無窮也。此勝之所以常在我也。如韓信因陳餘不用左車之言。遂措背水拔幟之勝。勝後諸將猶疑而問之。李愬因元濟負險不戒之隙。遂措冒雪深入之勝。勝後諸將亦疑而問之。此皆莫知所以制勝者。然二公卒未嘗復用之也。搴音牽將量並去聲度音鐸夫音扶幟音翅

夫兵形象水。水之形。避高而趨下。兵之形。避實而擊虛。水因地而制流。兵因敵而制勝。故兵無常勢。水無常形。能因敵變化而取勝者。謂之神。夫音扶

此即水為喻。以明因形制勝之要在於避實擊虛

而已乃一篇主意至此方露其言誠巧而切也蓋兵之形象水之形水避地之高而趨其下性之順也兵避敵之實而擊其虛勢之利也惟趨下則水本無爲但因地之高下而制其流惟擊虛則兵本無心但因敵之虛實而制其勝因敵制勝則勝之制也在敵之虛實而不在兵原非一定者故無常勢因地制流則流之制也在地之高下而不在水原非一定者故無常形然是制勝又不可責之人也在爲將者能因敵之虛實變化我之奇正而取勝於彼者斯謂之神妙莫測也夫勝敵亦大矣而

其機乃運於方寸之間非神而何若勢極則必衰形露則必敗謂之執泥不通也安足語神哉因敵制勝如敵之兵輕不能久則待之兵重不能速則挑之兵怒不能固則辱之兵強不能審則誤之將驕自恃則卑之將貪自私則利之將疑不決則反間之之類耿弇討張步舍張藍西安之堅而攻諸郡臨淄之弱魏元忠討徐敬業棄敬業下阿之勁而取敬猷淮陰之寡是避實而擊虛也楊素除鹿角舊法變為騎陣以當突厥張巡不依古法惟各自為戰以守睢陽是兵無常勢也孔明之六出祁

五行無常勝

山也。進退遲速。機不可窺。斬雙射卻。敵莫能測。故有用兵如神之稱。武穆之將兵南宋也。以少擊衆運用一心。間破楊么。期於八日。故有岳侯神算之贊。是因敵變化之神也。○或曰因地制流。是因地之方圓斜直而制流也。因敵制勝。是因敵之強弱虧闕而制勝也。雖通。覺與虛實不協。已音以將泥閒並去聲舍音捨么音夭

故五行無常勝。四時無常位。日有短長。月有死生。

此承上變化之神。以喻兵無常勢也。夫觀因敵變化謂之神。則兵無常勢可見矣。然豈惟兵哉。至於

造化之神。其見於木火土金水之五行也。則因時代王、無有恒久之勝。謂木盛則土衰。火盛則金衰。土盛則水衰。金盛則木衰。水盛則火衰也。見於春夏秋冬之四時也。則寒暑推迁。無有恒久之位。謂春而夏。夏而秋。秋而冬。冬而復春也。見於晝之日也。則北至而長。南至而短。有短長之異。謂每日百刻。春秋二分。則晝夜均五十刻。夏至則晝六十刻。夜四十刻。冬至則晝四十刻。夜六十刻也。見於夜之月也。則晦而魄死。朔而魄生。有死生之殊。謂每月以初爲朔。八爲上弦。十五爲望。二十四爲下弦三十爲晦。乃死生之義也。夫觀四端之運於天者。有不窮之數。知此。則虛實之見於兵者。又豈有一定之勢哉。信乎將當知所體法而因勢利導乎矣。夫音扶。王將並去聲。

軍爭第七

兵道貴實而惡虛。既知彼我虛實之情。然後可用軍以爭。故次於虛實爲第七。所謂爭者。謂兩軍相對。凡便利之事。無不欲先人而得之。非止於爭地利已也。大抵篇中自軍爭之法以上。多言爭勝。蓋利於我則

我勝利於彼則彼勝安得不爭乎爭勝爭
利其爭一也再細玩之自凡用兵至軍爭
是頭次至計者也是釋爭之所以難又次
軍爭爲利二句總言不知迂直有害舉軍
四句即明上衆爭爲危自是故至二至是
申則不及是故軍無三句是甲輜重捐故
不知諸侯至地利又是言爭利之要以起
下文故兵至爭之法也是言軍爭之法軍
政至耳目也是言用衆之法三軍至變也
是言四治之法末故用一段是言用兵之

法見有此四法方可以得利也故善用兵者欲與敵爭能先以身處敵地爲敵人料我之計而詐形以應之復逆料其所不料者而輕速以出之此所以可轉迂爲直變患爲利然必爭而得之此其爲難後詳揭四者之法殆爭之本也本不務而徒強爭豈全勝之道哉惡將並去聲已音以處強並上聲

孫子曰凡用兵之法將受命於君合軍聚衆交和而舍莫難於軍爭將舍並去聲註同

受命於君謂遵廟勝之筭行征討也合軍聚衆謂

合國人以爲軍聚軍衆以群處也古者大國三軍總三萬七千五百人若悉舉其賦則總七萬五千人交相也和軍門也舍止也言與敵對壘而舍其門相交容通也莫難者謂合軍止舍皆有舊制而易惟爭先赴利爲最難也蓋伺隙乘間惟利是謀彼亦猶夫我故耳○或曰和同也交和而舍者是與敵人相對同處於戰地也或曰與上交相和睦然後可出軍爲營舍也或曰士衆交雜和合而止於軍中或曰交和閒雜也合軍之後強弱勇怯長短向背皆閒雜而止焉未知孰愈姑存之俟考奏上

聲問去聲

軍爭之難者以迂爲直以患爲利。

迂遠也直近也患害也利便利也此言軍爭爲難者非以力與敵爭爲難須以形惑之故也彼吾之兵宜於直也遽從乎直敵必知之而有備則以迂爲直示在於迂若無心於爭直也本謀夫利也遽以爲利敵必知之而急圖則以患爲利示在於患若無心於爭利也此蓋轉移變化以怠敵心非善出奇者不能故云難也如鍾會攻蜀劍閣鄧艾由陰平出奇先衝其腹心此是由迂道而爲近雖有

後發先至

險患而實利也○或曰迂緩也直徑取也或曰變道路之迂曲以爲近直轉事情之患害以爲便利與前說甚不同詳之夫音扶

故迂其途而誘之以利後人發先人至此知迂直之計者也

此微言其計以明上節之義迂直兼患利在其中欲近爭便利之地乃迂遠其途而佯爲不知復以小利誘之使其貪得則彼亦惑於我之不知利而怠忽於爭故我得倍道兼行出其不意發在人之後至在人之先而所爭之利爲我得矣此之謂知

迂直之計不以直爲直而以迂爲直不以利爲利而以患爲利故能得之也夫顛倒錯亂以誤敵人而方可獲已之志如此則軍爭信莫難矣如趙奢之救閼與去國三十里而留二十八日不行復益增壘善食遣間是迂其途誘以利也及卷甲而趨一日一夜至閼與據北山是後發先至而得所爭也夫音扶閼音烟閒去聲卷與捲同去聲

故軍爭爲利衆爭爲危舊本衆爭亦作軍爭

承上言我軍先至乃不爭之爭由是而得便利之地則爲利若敵先據其地我舉三軍之衆馳往爭

之則敵佚我勞斯爲取危之道也如趙奢先據北山待之爲利秦爭山不得上而大敗則爲危之類

或曰兩軍相持知迂直而爭者爲利擧大衆以恃力而爭者爲危或曰軍爭者按部伍而行雖猝遇敵而戰不敗故爲利衆爭者不按部伍譁亂以進遇戰而即敗故爲危或曰軍爭者分軍而爭也必揀擇以用易於進取故利若擧三軍之衆齊爭之則強弱不齊行止不一故危或曰舊本作軍爭爲利軍爭爲危謂驅三軍之衆與敵相角以爭一日之勝得爭之法則爲利失爭之法則爲危不可

輕動也或曰智者明迂直爭之則爲利庸人昧迂
直爭之則爲危也或曰善者以利不善者以危善
計度審也或曰軍爭之閒有利也有危紛紛不一
謹并存俟考
舉軍而爭利則不及委軍而爭利則輜重捐
此明上衆爭爲危之事直至委積則亡上衆猶言
全軍委置也輜重兼衣糧器具而言捐棄也夫軍
爭固爲利苟舉全軍而同趨爭利則輜累人多難
以速至恐亦不能及所爭之利也若棄大軍惟分
輕兵以往而與人爭利則輜重在後不能相從恐

敵乘虛抄絕則未必得所爭而先棄巳之所有矣

二者各有其患如此此爭利之所以爲難也舉軍

爭利如曹操親帥大軍晝夜行三百里以追劉豫

州孔明謂其強弩之末勢之類委軍爭利如龐涓

棄其步軍與輕銳倍日併行以逐孫臏卒爲馬陵

之危之類或曰舉軍舉軍中所有之物而行也

委軍委置庫藏而行也俱欠通積音恣夫音扶藏去聲

是故卷甲而趨日夜不處倍道兼行百里而爭利則

擒三將軍勁者先疲者後其法十一而至卷與捲同處上聲註

同

此連下二節又申前舉軍爭利則不及也甲所以衛身今卷束之而不披者因爭利之故欲行之輕快也趨疾也法數也卷甲二句謂卷甲以疾爭其利日夜不得息處也軍法日行三十里則止過六十里爲倍道晝夜不息爲兼行言如此方得百里之遠而與人爭利則勢窮力盡三軍之將皆爲敵擒將見強勁者在先疲弱者居後其法以十人分論之只得一分先至而九分未至且至者雖勁亦弱三將軍豈不被擒哉將擒而全軍盡喪可知矣百里爭利如龐涓追孫臏去其步軍而倍日并行曹

操追劉備。一日一夜而行三百里是也。三將軍乃上中下三軍之將。如秦與晉戰。而三帥被擒。秦伯襲鄭。而三帥皆獲是也。愚意百里爭利而擒將。孫子特為罔行者戒耳。此法之常也。若以權變言勢有可乘。唐太宗嘗晝夜行二百里。以擒宋金剛矣。且遠爭亦有道焉。必如趙奢為善。蓋奢雖卷甲而趨。一日一夜至。然去閼與五十里即止。比秦聞之。及發兵。非二三日不能。是彼有五十里趨敵之勞。而我已休息二三日矣。況增壘不進。善食遣間。既能預養其銳以怠秦於前。至是厚集其陣。先據北

山又能鼓氣積力以占險於後非疲弱者比也安
得受擒乎此所以反大破秦師也學者合而觀之
庶免急緩不及事之弊○或曰卷甲猶悉甲謂輕
重俱行也觀下五十里半至可知若止輕兵一日
行五十里非遠豈有半至之理或曰兼行一人兼
二人之行也或曰三將軍謂大將騎將步將也或
曰十一而至謂如十人中先有一人至也或曰指
輕兵而言謂十人中得一人勁者先至下九人悉
疲困在後況重兵乎或曰勁者三句謂不得已而
爭利則當於十人中擇一人勁者先往如萬人中

可得千人之類。餘疲者則令其相繼後進。先者若至而據險。則後進者其力不竭。亦可以助。如太宗以三千五百騎先據武牢。竇建德十八萬衆不能前也。此說是用兵一途。非十一而至之義。將喪比閻占並去聲閼音烟巳音以令平聲

五十里而爭利則蹶上將軍。其法半至。蹶音厥舊本作蹷同蹶猶挫也。謂敗走而顛躓也。大軍齊舉日行五十里而爭利則上將軍在前者。猝然迎敵與戰。雖道近不甚疲。亦必敗而顛蹶。以挫其前鋒。但不至於擒耳。何也。其法十分之中。五分一半先至。而中下

軍猶在於後不能齊用其力之故也○或曰上將軍指大將而言謂因軍半至故大將之威亦挫損也躓音至將去聲

三十里而爭利則三分之二至分或讀作問去聲詳之

日行三十里亦兵法之常但與人爭利則必疾趨而不足於一日故吾之軍以三分計之止有二分先至其一分尚在於後安能齊至而奮戰乎不言法者因上文也不言利害者路近不至勞之勝負未可決也此上三節俱明衆爭不及之危若唐太宗征宋金剛一日一夜行二百餘里不解甲三日

不食二日似犯此戒矣竟無擒蹶而反勝之者何
也蓋是時金剛既敗衆心以沮迫而滅之則河東
可平若少緩之賊必生計其所乘之機宜然此太
宗所以不計疲頓而逐之也豈得拘孫子之法哉
兵有形同而情異者殆此謂夫又按百里爭利雖
有疲弱所至何止十一且五十三十則又近矣何
止半與三之二耶想亦孫子爲速行爭利者戒故
甚言之耳或曰三分二至其一猶不得至者乃
輜重也至者已多故無擒蹶之患也或曰雖一未
至而至者大半行列之政猶未失人馬之力猶未

竭庶幾可以爭勝也二說義亦通但皆不合孫子垂戒意少上聲夫音扶已音以行音杭

是故軍無輜重則亡無糧食則亡無委積則亡委音畏積音恣並去聲註同

此又申前委軍爭利之害與上三節總是衆爭爲危也輜重隨行之衣裝器械也糧食隨行之糧食也委積預備之儲蓄財貨也三者皆軍中之所恃以爲生者無輜重則器具不周無糧食則養贍不給無委積則饋運不繼故皆必至於覆亡然所謂無者非真無也因爭利而捐棄也亡則害豈勝言

哉如袁紹以百萬軍於官渡操用荀攸計燒其輜重而遂敗赤眉亦百萬之衆因無糧食君臣面縛於宜陽皆此義也若夫漢高之興實由於關中之饋光武之勝專資於河內之輸不然亦軍北身遁而不能復振矣。或曰委積專指糧食而言蓋上文之糧食乃隨行之糧此委積是預備之糧也如此說方合孔子爲委吏之義以財貨言者無據或曰委積薪鹽蔬材之屬恐太淺近非正義夫音扶

故不知諸侯之謀者不能豫交豫與預同註同

此豫交與下行軍地利皆軍爭之要其不能者亦

必陷危也。故特舉之。夫先知敵國諸侯智謀之所出。則能豫交隣國以爲外援。若不諒其情之所親。不審其計之所向。何以能之。此爭之未必利也。然必貴於豫交者。一則恐其爲敵之應也。二則恐其襲我之後也。三則恐迂途而行。爲其阻截不得歸也。四則可以假道也。如樂毅因齊湣王之驕暴。聯四國之師。而伐之以強燕。孔明知孫權之可與爲援。請先主結好之。而同力以破操。此蓋能豫交者。愚謂交隣有道。孟氏言之。而孫子之豫交。則異於是矣。何也。孟氏之所謂交。乃講信脩睦也。孫子不過爲合縱連衡之術。遠交近攻之謀。摟諸侯以伐諸侯。詭亦甚矣。有志於聖王之師者。當知所辯焉可也。○或曰。不知諸侯之智謀。孰勝。則不能豫交好以爲援也。或曰。豫干也。不知諸侯之實情。則不能干涉與交。而恃爲連助。盖慮其翻覆爲患也。此二說俱以諸侯作鄰國言。或曰。豫先也。交。交兵也。不知其計。則不能先交兵也。未知孰是。姑存之。夫音扶湣音敏

不知山林險阻沮澤之形者。不能行軍。沮與菹同

勢崇峻者爲山。木叢聚者爲林。坑坎者爲險。一高

不用鄉導不得地利

一下者爲隰。泥濘漸洳者爲沮。衆水所歸而不流者爲澤。凡此地形。悉能知之。然後可以行軍。苟不知其有無。或在何處。則安能計迂直而行軍。以設伏陷敵。此爭之所以不利也。馬援勸光武征隗囂。聚米爲山谷。指畫形勢。往來道徑。分析昭然。劉先主欲取西川。得張松所獻地圖。而險阨遠近。盡得其詳。無一差謬。此盡能知地形者。隰音習濘音佞漸音煎

不用鄉導者。不能得地利。

軍之所過。地利爲急。必用彼處鄉人引導而行。則山川之險易。道路之迂直。可得其利。若不用之。鮮

不迷於所往。烏能處便利之地。而設奇埋伏。掩襲空虛。此利之所以難爭。而鄉導不可無也。吳人伐魯。用鄫人導之。而遂克武城。衛青出塞。用張騫導之。而知善水草。殆能用鄉導者歟。凡用鄉導。最爲難事。若軍行虜獲其人。須防奸計。必鑒色察情。參驗數人之言。始終如一。乃爲可準。又必厚其須賞。使之懷恩。豐其室家。使之繫心。即爲吾人。當無反覆。然不如素蓄堪用。但能諳練行途。不必土人。亦可任也。仍選腹心智勇之士挾以偕往。則巨細必審。而蹤指無失矣。大抵將之出師。受命於君。以

兵以分合爲變

孤軍而深入未歷之地聲教所不及主客之勢已殊况彼專任詭譎多方誤我苟不能豫交不知地形不用鄉導而徒冒危長驅吾見躋險則有要截之害也止則有侵暴之驚倉卒無備落其彀中是以熊虎之師自投於陷阱安能摩逆壘而蕩狡穴乎故必用彼人盡得其情形斯可也○或曰鄉與嚮同去聲謂導引所嚮之人也詳之解處並上聲諳音暗將去聲已音以要與邀同卒音猝阱音靜

故兵以詐立以利動以分合爲變者也

此總結前文以起下軍爭之法詐詭謀也即計篇

之詭道兵不本於詐則人得窺其謀故當以詐而立其用如以迂爲直以患爲利不徑情而直行也利宜也非利物之利動而不因其利則虛發而無功故雖以詐立猶當見敵有可擊之宜而後舉如得諸侯之助與鄉導之人不行險以僥倖也分兵以散處合兵以會戰此其常也故雖以利動猶當以分合之形惑之觀其應我之形而爲變化之術不泥一定而強於分合或不能及或捐輜重使敵得以乘之而至於亡也夫能此三者則敵人莫測我之虛實可爭而得之矣以詐立如陳平惡草具

進而詐楚使以利動如王濬乘勢速攻而縛孫皓分合爲變如吳漢與劉尚分屯潛夜就合而破子陽若陳餘自稱義兵越王先吳往伐苻堅百萬而敗豈知詐利與變之術者乎○或曰利動謂以利誘敵而使之動也變謂奇變爲正正變爲奇而多方以誤敵也處強並上聲泥使並去聲夫音扶

故其疾如風其徐如林侵掠如火不動如山難知如陰動如雷震

此至法也正言軍爭之法敵有可乘則其疾行也如飄風之迅速而無迹掩其不備使所向披靡唐

太宗追宋金剛日夜行二百餘里是也敵未可乘則其徐緩也如林木之森然而不亂雖遇掩襲亦行列無移如趙充國征先零緩驅而不迫是也侵掠敵國以足軍食則如火之猛烈而不可禦成湯伐昆吾如火烈烈莫我敢遏是也固守不動以待敵人則如山之鎮靜而不可遷趙奢救閼與二十八日堅壁不行是也機不當露而匿形斂迹使敵之難知則如天之陰晦而形象不可見馮異潛擄栒邑閉城偃旗行巡不知而馳赴驚走是也威有當奮而迅速發動則如雷之震擊而欲避之不能法

正據定軍從高揮旗趙雲奔下而截斬夏侯淵是也愚意風火雷震似於用奇山林如陰似於用正此皆善爭者安有不利乎行音杭鬬音煙拘音擯

掠鄉分衆

掠抄取也言戰既勝矣掠取敵人鄉野之物則當分衆爲數道而不全軍以往者懼不虞也○或曰將掠得於鄉之物分給衆兵與同利也或曰欲掠於鄉須分番其衆使人皆得往取也或曰鄉邑所積不多欲掠之必分衆隨處而往乃是用也或曰鄉音向與嚮同謂指所向以分其衆也或曰掠鄉

懸權而動
先知迂直之

當作指向謂三軍不可言遣故以旌旗指向隊伍不可語傳故以麾幟分衆此在訓練上說詳之

廓地分利

廓開拓也言掠固分衆矣所恢廓敵人之地亦當分守其便利而不使其空虛者慮復失也○或曰開拓土地則分封有功同享其利也或曰開廓平易之地則分兵守利不可使敵侵也或曰獲其土地則屯兵種蒔以分敵之利也此與上句圈外註俱各出巳見未知孰是 拓音托 蒔音是

懸權而動先知迂直之計者勝此軍爭之法也

計者勝

一人之耳目

此總承其疾如風八句而通前結之權稱錘也言敵勢之有虛實猶物之有輕重必量其虛實之情勝負已定而後舉動如當疾當緩之類則誠與懸權於衡上以稱物之輕重同也然又必於以迂爲直之計先審察於中心庶無勞頓寒餒之患且得進退遲速之機而必勝矣此之謂兩軍相爭之法也豈不難哉量去聲已音以

軍政曰言不相聞故爲之金鼓視不相見故爲之旌旗夫金鼓旌旗者所以一人之耳目也人既專一則勇者不得獨進怯者不得獨退此用衆之法也夫音扶註

同

此因上軍爭之法而又言及用衆之法軍政古之軍書也言用兵既衆占地必廣首尾遼遠耳目不及故設爲金鼓之聲使聞之而進止立爲旌旗之形使見之而開合夫觀軍政之言則知三軍之士惟有此四者所以視聽均齊耳目如一也人之衆所患者在耳目之不一令既專一則心志亦定由是鼓之則進金之則止麾左而左麾右而右人雖有勇怯之殊不得獨自以爲進退所謂鬬衆如鬬寡者此也非用衆之法乎勇者不得獨進如吳起

變人之耳目

立斬材士不以獲首爲功怯者不得獨退如光弼欲斬廷玉因其易馬而免是也占去聲

故夜戰多火鼓晝戰多旌旗所以變人之耳目也

此因上能一人之耳目而又言及於變亦足前用衆之意變生於多蓋惟多設疑惑故可變亂也凡與敵戰夜則多用火鼓使其不息晝則多用旌旗使其相續所以變亂敵人之耳目不知我之虛實而難以爲備之之計也張齊賢守代因契丹薄城下中夜遣兵出城南持幟然炬虜謂并師至而駭走越與吳夾水相拒爲左右勾卒夜爭鳴鼓而進

三軍可奪氣
將軍可奪心

因吳分兵來禦遂潛涉而襲破中軍是多火鼓以
變之也春秋時晉伐齊使司馬斥山澤之險雖所
不至必旆而疏陳之遂使齊侯登巫山望而畏其
衆臧宮攻延岑多張旗幟左騎右步挾船而行呼
聲動山谷遂使延岑望之而震恐是多旌旗以變
之也○或曰夜則目不見而難於進止故聽望火
鼓爲節晝則可見故惟視旌旗之指揮以爲轉戰
之節雖通以在訓練上說恐與變字不協
三軍可奪氣將軍可奪心
此至變者也又言奪敵心氣與四治之法夫氣者

三軍所恃以爲戰者也。堅壁相待，激作其士，大爲聲勢而奮擊之，故三軍雖衆，可以奪其氣。氣奪則委靡不振，念切求生而不能戰，將見三軍之心亦因之怯矣。心者，將軍所主以謀者也。擾之使亂，卑之使驕，多爲詭計以撓惑之，故將軍雖勇，可以奪其心。心奪則計筭不定，無有遠慮而不能謀，將見三軍之氣亦因之喪矣。夫上下怯亂如此，然後鼓吾之氣，奮吾之心，一舉而乘之，豈不有利者乎。奪氣如曹劌與齊戰，必待其三鼓氣竭而鼓以進兵，張遼守合肥，以百騎直貫權營而吳人奪氣之類。

治氣治心治力治變

奪心如寇恂征隗囂將高峻斬其軍師皇甫文而遂亡其膽宇文憲拒齊領軍段暢偏裨陳王純以下而鞭馬以去之類○或曰既以火鼓旌旗之多而變其耳目故敵之氣與心亦因之可奪也此作連上說詳之夫音扶喪去聲劌音貴

是故朝氣銳晝氣惰暮氣歸善用兵者避其銳氣擊其惰歸此治氣者也

此因上心氣可奪并言治之之法俱兼彼已言夫敵之氣雖可奪矣然猶當知所以自治其氣則可彼試以一日言之平旦曰朝日中曰晝日夕曰暮

此乃喻兵之新久。非眞爲早晚也。大約新來氣銳漸久則力疲而氣惰。惰則氣竭而思歸。故善用兵者。當其勇銳則堅壁以避之。待其惰歸。則出奇以擊之。則敵銳而吾不與俱銳。敵衰而吾不與之俱衰。此所謂善於治己之氣以奪人之氣者也。故曰。三軍可奪氣。蓋我之氣盛。則可以勝敵。彼之氣衰必爲我所勝耳。昔唐太宗與竇建德戰於氾水東。因其逼城而陣。輕躁自恃。遂按兵不出。待其陣久氣衰。擊而擒之。周德威救趙。與梁王景仁相拒。因其遠來。接戰不暇於食。遂至晡時。見其人無鬬志鼓譟而乘之之類愚意人情莫不好生而惡死一旦驅之兵戰之場非有忿怒之氣鮮不悔而怯故世之懦夫因有所激遂率爾以爭不啻諸劌甚至接刃以相傷者此氣耳少衰則無能爲矣况三軍之視強寇如處女非氣激之而何是以即墨之圍五千人擊却燕師者乘劓降極塚之怒氣也秦之鬬士倍我者因三施無報之怒氣所以我怠而秦奮也此又激而治之之法學者亦當知夫音扶汜音自瞞音遖好惡並去聲鮮處並上聲劌音貴劓音異降音杭

以治待亂以靜待譁此治心者也

夫敵之心雖可奪矣然猶當知所以自治其心則可彼分數素明行列整齊治也反是則亂號令嚴肅耳目專一靜也反是則譁能以已之治待敵之亂以已之靜待敵之譁則意閑而思暇可以應機而鎮物此所謂善於治已之心以奪敵之心者也故曰將軍可奪心蓋心者一身之主安則治定則靜若以事撓之則必亂且譁故自主將至士卒皆當治其心也以治待亂如謝玄因秦軍退不可止而整衆追擊之類以靜待譁如周亞夫因夜驚直逼中軍而堅卧不起之類愚謂將以一身之微運

百萬而對虎狼勝負在於須臾而能措置不忒者非心之廓然鎮定豈能爾乎若王霸之矢中酒樽安坐不動欒鍼之臨敵也好以整又好以暇二將軍蘊何術哉亦其心治之有素也○或曰亂者政令不一賞罰不明之謂譁者旌旗錯雜行伍輕囂之謂待則審其如是出而攻之之謂也詳之夫音扶行音杭令將好並去聲

以近待遠以佚待勞以飽待饑此治力者也

此因上治氣治心而又推力與變亦當治也言以我駐師之近待敵之遠來者以我休士之佚待敵

之勞倦者以我飼秣之飽待敵之饑餓者則已常處於強盛置人於疲弱而擊之此善治己之力以困人之力者也蓋力者三軍所賴以進戰力之有餘不足而勝負分焉則力之不可不治明矣以近待遠如宇文泰因高歡越山渡河而來犯兵起新至可擊之法遂輕騎過渭而破之之類以佚待勞如劉錡敗烏祿於順昌兀朮帥十萬來救晝夜不解力疲氣索遂以閑暇之士出奇破之之類以飽待饑如班超守西域因月氐數十里來攻而運輸不繼遂積穀堅守度其糧盡而擊之之類（處上聲 月氏音）

煙支度音鐸

無邀正正之旗勿擊堂堂之陣此治變者也勿擊一本作無擊陣時本作陳義同

邀截而取之也上所言皆常事故此又言變以足之正正之旗分別整齊者也邀之則反為彼所乘必無邀之而且引以避焉待其譁亂而邀之可矣堂堂之陣威勢廣大者也擊之則反為彼所敗必無擊之而且守以待焉俟其惰歸而擊之可矣此之謂臨陣決機不拘一術善治權變之道以應敵人者也蓋遇敵而戰兵家之常有制之師豈容易

勝。故無邀勿擊者。誠所謂知難而退。因敵變化也。即謀攻篇實而備之強而避之之意。愚謂正正堂堂。武侯之八陣是矣。觀李靖曰。天地本乎旗號。風雲本乎旛名。龍虎鳥蛇本乎隊伍之別。陣間容陣。隊間容隊。隅落鉤連。曲折相對。中心零者。大將居之。四面八方。皆取則焉。故司馬懿素稱善戰者。與之對壘祁山。惟事堅守。雖遺之巾幗而終不出。蓋知無邀勿擊之義者。張郃王雙昧之。遂喪身於木門陳倉之道。嗚呼。將畧可不知變通哉。若夫曹操之旌旗蔽江。舍鞍馬。航江湖。乃強弩之末。勢形雖正正而志驕矣周瑜所以火之於赤壁先主連營七百餘里包原隰險阻自春及秋人心已懈勢雖堂堂而非法矣陸遜所以鏖之於馬鞍然則用兵者亦當知變通而不可徒恃正正堂堂以取敗也

別音鱉將喪並去聲幗音谷夫音扶舍音捨隰音習已音以

故用兵之法高陵勿向背丘勿逆

此至末因上無邀勿擊為治變而又言此八句用兵之法亦變之意也勿禁止辭甚言不可也下皆同向仰也背倚也逆迎也陵與丘皆土山也言用兵之法若遇敵人已據高陵而處慎勿仰之上攻

巳背丘山而來慎勿逆之與戰蓋自下趨高者力乏自高往下者勢順也凡人馬之馳逐弧矢之施發皆爲不便遇此者但當嚴陣以待伺至平地而擊之斯可如趙奢先據北山秦兵爭不得上而大破齊段韶登邙坂周尉遲迥逆上山逆戰而大潰此皆向逆致敗者至於昭烈升馬鞍山而陸遜反能蹙之者乃以勝兵擊已敗雖高背無害也若將智勇等而兵利鈍均則斷不可向之逆之矣巳音以處上聲邙音忙迥音泂將去聲

佯北勿從銳卒勿攻北一本音背去聲

佯北詐奔走也夫人以面為南以背為北書曰戰
兵而走不復面南故兵之敗者名為北也從蹤也
此言敵氣未衰旗齊鼓應號令如一而忽然紛紜
奔走非真敗也乃佯北也恐彼有奇伏邀擊故不
可從而追之從之則反為所乘矣須審其真偽可
也敵人精鋭之卒乃素所練習之材勇乘勢而來
其鋒不可當者故當伺其衰惰而不可徑以攻之
攻之則反為所屈矣須避其鋭氣可也秦白起長
平之戰佯敗而走張二奇兵趙括恣衆追之反被
其絶韓信濰水之戰不勝而還囊沙壅水龍且果

喜追之遂喪其元是從佯北而敗也楚壓晉軍而陣欒書謂楚師輕窕當固壘以待之三日必退退而擊之必勝薛仁杲數來挑戰唐太宗謂其鋒甚銳當閉壘以折之待其氣衰衰則一戰而擒是不攻銳卒而勝也夫音扶曳音異令喪並去聲且音苴窕音跳杲音稿數音朔

餌兵勿食一說食字疑當作貪字

餌乃釣魚之物魚見之必食此喻敵以寡弱之勢貨物之利爲餌兵以誘我必不可貪取之如魚之食餌也食之恐有以惱彼之計耳必先審其有無伏兵然後設計取之可也愚謂餌兵之義甚多如

莫敖以採樵誘絞人。胥頓以羸弱誘漢高。赤眉以荳車誘鄧洪。曹操以輜重誘袁紹。李矩以牛馬誘石勒之類。皆是不止置毒於飲食。如秦之毒涇上流。濟陰王之多為毒酒也。蓋此食字從餌字生。非真食之也。觀兵字自見。學者但當以意會之。不必泥定。胥頓讀作墨突羸音雷泥去聲

歸師勿遏。圍師必闕。窮寇勿迫。此用兵之法也。迫新本作追

歸師者。歸還之兵也。遏。止也。人既歸還。思家心切。若遏止之。必殊死以鬪。故勿遏也。惟當犄角其後。

或扼之於險耳圍師者被圍之兵也闕者開其一面也人既受圍各無生路若不縱之則鬭志益堅故必闕也闕則散走求生或勢孤自敗耳窮寇者窮極之寇也迫者追逼之急也資糧財用已竭行陣謀算已虛或沉舟或破釜惟結部伍以求一決者若窘迫之必還致死戰故勿迫也惟當緩以驅之或伺有他處擊之耳此已上八者皆用兵之法也細玩之前五者必用正講後歸圍窮三者猶當視勢之何如方為知法之深故引古加出此意劉表與張繡合兵拒險遏曹操歸路操夜鑿險為地

道設奇夾攻大破之段業因後梁呂洪將東走不聽彧人之諫率兵過而大敗是皆過歸師者也若皇甫嵩之於王國則乘其疲困之機胡爲而不可耿弇攻祝阿開其一角令衆奔於鍾城朱儁討黃巾徹圍併兵致忠出戰而敗光武聽明帝言開原武之圍遂能散其妖黨曹操用曹仁計開壺關之圍遂能降其都城李光弼圍史思明於土門知其欲散令開東南角以縱之賊果棄甲而走死爾朱兆圍齊神武於南陵設圍不合神武連繫牛驢以塞之反能死戰以全生是皆必闕與補闕者也若

敵臨危據險糧絕援無則雖四面守之又奚爲而不可且闔閭敗楚師於清發將復攻之夫槩王謂困獸猶鬬不如半濟而後擊趙充國驅先零於湟水或欲速之充國謂緩之則走不顧急之則還致死是皆不迫者也若唐太宗之於薛仁杲則乘其喪敗無計之餘又奚爲而不可○劉寅直解謂高陵勿向入句曾見張賁註云乃九變篇文脫簡愚因可疑特詳正於後故此仍舊註之耳將已並音以令平聲

雋音後
降音杭

孫子卷四

浙江解元鍾吳何守法校音點註

門弟庠生三吳何守禮　標題

門生進士鑑溪王家卿

武舉紹巖王世盛

繼巖王世與

調守陳廷和　同訂正

九變第八

九變者。用兵之變法有九也。常之反爲變

凡兵有常法。有變法。如上篇軍爭之法。是

道其常也此篇皆以不必爭為言則變矣學者當兼通之若但知守常而一於爭不能臨時應變知其中又有不可爭之處謂之暴虎馮河死而無悔者矣故孫子歷舉九變以次於軍爭為第八觀篇末復拳拳以思慮備防為戒以必死忿速為賊真用兵之龜鑑哉或曰九者數之極用兵之法當極其變耳甚非馮音平

訂疑

按杜牧張預等家舊註皆以圯地至死地五句為

九變謂止陳五事者舉其大畧也猶九地篇中敘
九地之變惟六事者亦舉其大畧也且九變即九
地之變觀下文云將不通九變雖知地形不能得
地利又九地篇云九地之變屈伸之利不可不察
義自見矣夫下既說九地而此復言九變者蓋孫
子欲舉五利故先陳九變其實九變五利相須而
用故無言之此張預等說也以愚見評之九地在
後九變在前見於前者或舉其大畧於後安有見
於後者而舉其大畧於先耶故舉其大畧之說誠
非也且九變者用兵之變法有九不專在地也九

地之變者。遇九地而處之有變法也。二篇意各不同。乃謂九變即九地之變亦非也。夫既指九變之實。亦當詳五利之目。乃混言欲舉五利。先陳九變云云。而竟不明言五利。抑又何也。又一說以雜於利五句爲五利。全不通。又有十餘家順文說去。皆不係九變之目。蓋因圮地至君命共十句。惑而無決。不知何句可截故也。近刋劉寅直解。又必欲以上篇高陵勿向八句。幷此篇絕地無留一句爲九變。途有所不由五句爲五利。其圮衢圍死四句作衍文。雖云有張賁註。今已無考。愚細玩之。用上篇入句并絕地一句。固爲九矣。恐難免移易割破之弊。途有五句爲五利。固卻好矣。而軍有君命二句。涉於事機。又非五地之利。以圮衢圍死作衍文。殊不知止圍死二句與九地篇文同。其圮衢二句亦小異。安可攙指之爲衍文。甚覺牽強費力。故連上數說。俱不敢附會依從。仍敬依原本註之於後。九變五利。未嘗不明。學者觀之自得。故謹題於篇首。

圮音丕後皆同將去聲夫音扶巳音以

孫子曰。凡用兵之法。將受命於君。合軍聚衆。將去聲下皆同

解見上篇。○或曰。誤因上篇之文而重出也。見音現重

平聲

圮地無舍。衢地合交。絕地無留。圍地則謀。死地則戰

圮音丕上聲俗讀起非舍去聲註同無留一本作勿留

自此圮地至不爭為九變君命句則總言之正見為變也按圮衢絕三句與九地篇文少異圍死二句全同劉寅乃用絕地無留連上高陵八句作九變以圮衢圍死四句作衍文恐費解不通今特順解之凡擇地頓兵當趨利而避害圮地水毀無依故宜速過不可止衢地四通有隣故當先合之為交援絕地是坎險不通無樵汲畜牧之處故當速

行而無留留則淹久恐敵塞其要害或有伏兵擒其不備耳圍地難於逃須積發奇謀以爲出使敵不能爲患也死地無所往須奮勇決戰以求生不得自貽伊戚也已上五者皆在己因地利而變也無舍如鄧艾潛行陰平而疾過之類合交如遣同結齊親楚以驕其之類無留如裴行儉止舍暮復移營之類則謀如漢高被圍白登用陳平計得出之類則戰如韓信陣背水士皆死戰之類或曰絶地死絶之地也留要留之也言敵在絶地當緩之使過不可要於其所也此作敵上說是連前髙

陵八句講之義詳之已音以要與邀同
途有所不由途舊本作塗同
按劉寅以此途有至君命句作五利恐軍與君命
非也之利也亦隨前五句截至不爭作九變君命
作總承上解之由從也自此至彼易而且直途之
所必從也而有所不從者慮敵之奇伏有以遏阻
之也如周亞夫征吳楚聽趙涉之說不由崤澠而
出武關鄧艾入蜀分鍾會之軍不由劍閣而走陰
平是知不由者故皆能成功若壺頭水險馬援不
當由而由之所以病卒也○或曰阨難之地車不

得方軌騎不得成列所不當從不得已而從之故爲變也或曰行路將欲趨利不利於我雖近不從也或曰不由者避險寧取遠也或曰不當由者而由之必須有權變之方故爲變如韓信探知陳餘不用左車計方敢入井陘爲背水拔幟之變法也

崤澠音搖閔難騎並去聲巳音以陘音刑幟音翅

軍有所不擊

彼此交持乘其便利軍之所必擊也而有所不擊者避敵之銳氣以伺其間隙也如趙充國知羌虜驍騎難制又恐爲誘兵遂以殄滅爲期而不貪小

利主覇知茂建合兵遠來急於挑戰遂堅守不出
而任其兩射營中是能不擊者故卒皆勝敵若秦
用白起趙括不當擊而擊之所以坑卒也○或曰
地險難久留之失前利若得之則利薄故不擊也
或曰縱之無所損克之無所利不須擊也或曰我
強敵弱敵前軍先至者擊之則驚走故不可擊也
或曰我弱彼強或彼直則不擊也或曰軍可威懷
勢將降服則不擊也或曰敵軍是銳卒歸師窮寇
或在死地擊之則死戰故不擊之乃為知變也間騎
並去聲殄音田
上聲降音杭

城有所不攻

得其城可有其地城之所必攻也或守備完固糧食充盈則拔之不易而反挫兵威故有所不攻也如荀罃因士匄請伐偪陽謂其城小而堅勝之不武不勝爲笑曹操置華費而深入徐州故能兵力完全得取十四縣是知不攻者若荊州守沈欣之不從臧寅之諫而盡銳攻郢城所以衆潰無成也○或曰拔之不能守委之不爲患故不必攻也或曰攻之無損於彼得之無益於我不攻可也或曰城非堅實而得士死力軍雖有期而援兵即至則

所得之利不勝所害故不攻也或曰城非控要攖其根本則自下不須攻也或曰攻則必致殺傷之多苟爲得已無攻可也（攖音英句音蓋郢音穎已音以）

地有所不爭

得其地可資爲利地之所必爭也苟荒遠偏僻不闕險阨則得之無益而反勞戍守故有所不爭也已上四者皆在已因事機而變也通前五者爲九變焉如伍子胥諫吳王不必伐齊謂得其地猶石田之無用陶侃語諸將不必守邾謂在江北雖守之亦無益是知不爭者若庾亮必欲戍邾城所以

君命有所不受

果至大敗也。○或曰小利之地得而必復失故不爭。或曰得之難守失之無害不必爭也或曰委之足以分彼之備爭之反以堅彼之守不可爭也或曰得之不便於戰失之無損於巳不須爭也或曰地雖要害敵巳據之不可爭也戍音恕　巳音以

君命有所不受

此句乃總承上九變而結之。不受君命正見爲變也。劉寅欲連上塗有四句作五利非。蓋君命句文法雖類上四句而實不可專以利言。孫子之意謂凡將之合軍聚衆但經九者有害而無利則當隨

將通於九變之利知用兵

時制宜以變之雖君命之舍留攻爭等亦不受也觀下云將不通於三句則君命又豈得與地形同等耶況後地形篇亦云戰道必勝主曰無戰必戰可也云云無戰可則不受君命誠爲變事當作總承上言而非五利明矣不受如李牧堅於收保而不從趙王擊匈奴之命充國力請屯田而不順漢帝擊罕开之命之類將去聲罕开音感牽

故將通於九變之利者知用兵矣將不通九變之利雖知地形不能得地之利矣治兵不通於九變之術雖知五利不能得人之用矣上本將不通下有於字雖知地形雖上有者字

一本治兵不通作不知九變作五變五利作地利詳之

此承上九變言將不可不知不知者不能得利得人也利者事之宜也術者法之巧也地形者地之形勢險易廣狹之類五利五地之利即無舍無留交謀戰也得人之用得智謀之人而用之也言爲將之道通變爲貴能之者斯可以用兵而決勝若不通九變之利則地形雖知當趨避亦不能因機制宜而得其利以爲助矣治兵不通九變之術則五利雖知當斟酌亦不能得人駕御而用之以變通成功矣愚觀此節則知兵以變術爲先而地與

智者之慮必雜於利害

人次之蓋地不過兵之助人不過戰之資不知九變之利之術於不可擊者擊之不可攻者攻之則如瞽之無見而執一矣雖有金湯之險反化為羅尸之所雖有熊羆之衆亦適爲潤草之膏而已安能勝哉已音以

是故智者之慮必雜於利害雜於利而務可信也雜於害而患可解也信與伸同

此因上九變五利言惟智者能慮雜於利二句則詳釋之也或欲以此雜於利至以利五句作五利非雜猶參也謂以利害兩端往來胸中而斟酌之

也。務專欲爲之事也。患患難也。蓋兵無常形。利中或有禍害中或可以爲功。見害而不及利則一於退縮。而無濟事之功。見利而不及害。則一於進取或有意外之變。皆非智謀之士也。惟智者之慮敵必以利害交參而慮之。彼我欲取利於敵。不可止見所取之利。先須以敵人害我之事。參雜而計量之。則預備有方。故我之所務。可伸行也。欲解敵之害我。不可止見爲我之害。先須以我能取敵之利參雜而計量之。則機會不失。故我之所患可解釋也。此亦變通之道。非智何以能之。雜於利是害也。

如鄭克蔡國人皆喜子產懼曰小國無文德而有武功禍莫大焉後楚果來伐鄭此以害雜於利而慮之也雜於害是利也如張方入洛陽連戰皆敗或勸宵遁方曰兵之利鈍常也貴因敗成勝耳乃乘夜潛進逼敵遂致克捷此以利雜於害而慮之也○或曰計本在害而能參之於利則害中之利無弗知故欲求務之伸不終陷於害也計本在利而能參之於害則利中之害無弗明故欲求患之鮮而即鮮不徒泥於利也此說與前雖相反義亦通學者當熟玩之難量泥並去聲

是故屈諸侯者以害。役諸侯者以業。趨諸侯者以利。

趨與趍趨義同

此因上雜於利害之處。明其可制天下也。屈服挫抑也。役奔走聽命也。趨自然速來也。天下分裂。人自爲國。諸侯並處。必有以屈服而役趨之。然後可得志於天下。是故屈服隣國之諸侯。不敢無禮加我者。因我設計以害之。故不得不屈也。害之非一端。或誘其賢智。令彼無臣。或遺以姦人。破其政令。或爲詭詐。間其君臣。絕其交接。或進工巧。啓其奢華。竭其庫藏。或饋淫樂美人。使其俗瀉而心怠。

或爲聲東擊西使其財耗而人疲諸凡此類皆是也役使隣國之諸侯不敢方命於我者因我以富強之業壓之故不得不爲役也趨走隣國之諸侯莫不歸附於我者因我以小利誘之故不得不趨也害如韋孝寬間斛律光之讒高熲平陳之策是也業如晉楚國強能使鄭人以犧牲玉帛奔走而事之齊桓稱霸江黃俛首聽命是也利如張儀以商於六百里之地誘楚王秦以鐵牛糞金誘魏王是也○或曰害其所惡也凡敵人所惡之事我能因而乘之不失其機則可屈敵也業事也謂以事

煩勞之。若彼入我出。彼出我入也。我欲稱功德。使其淫泆。引以造作。使無休息之類。如此說。恐似於害。詳之。或曰。勞役敵人。使不得休。須先有兵衆國强。人和令行之事業方可也。又一說。三者俱要作已之見屈見役見趨於諸侯。說謂困於彼之害。而不知變於利。故屈之。苦於事之煩。而不知應以術。故役之。誘於利之貪。而不知避其害。故趨之。此愚者之慮。不能雜於利害者然也。若害業利。必作在已欺敵言。則是敵隣以强其國。利已而嫁禍於人。恐非先王講信脩睦之道也。孫子亦假仁義濟機

恃吾有以待

權者肯以此垂訓哉噫學者慎之令彼令字平聲政令令字去聲
間藏惡並去聲頻音恭上聲

故用兵之法無恃其不來恃吾有以待之無恃其不攻恃吾有所不可攻也有以待之句新本無之字從古增之

此明慮之雜於利害者不惟可制諸侯猶能知變而有備無患恃倚也言用兵之法無恃敵之不來侵恃吾脩道保法之有素如選將練兵利器足食之類有以待其來而無懼也無恃敵之不我攻恃吾自保全勝之有術安不忘危守禦常設敵無隙能乘而有所不可攻也夫有以待則敵自不可攻

而其不可攻實非有待莫能也然則敵雖來雖攻何害哉故曰惟事事乃其有備有備無患又曰不備不虞不可以師如晉人禦秦深壘固軍以待之而秦師不能久楚爲陣於外以待吳師之襲吳至見有備而還是皆有待而不可攻者若莒以恃陋而潰齊以狎敵而殲虢以易晉而亡魯以小邾而敗莫敖忽羅而無次吳子入巢而自輕寧非萬世弛備之監乎愚意料敵勇戰備而且理兵之善道也猶必斥候常謹堡柵常堅行軍常整法度常申器械常利車馬常調視未戰如將戰視既戰如未

戰不以敵去而懈懼其有佯退之奸不以敵敗而驕慮其有必報之忿戒酒省眠養氣寡慾忍寒耐暑分苦服勞雖經年積月無異於始集之時雖烽息警無無間於搶攘之日一心周流於萬里之外監戒不離於几席之前孫子之所謂有待而敵不可攻者端在於此卒然之變冀自而起耶否則雖極思慮之精亦不可語智也用兵者愼諸夫音扶菑音宰巘音千覽音郭槩音概弛音矢壘音保行音抗間去聲攘音讓卒與猝同

故將有五危

此至末言將之性偏而不能雜思利害者必有其

災也所以足用兵必當知變之義危殆也五節下

五事言將之自危有五也

必死可殺舊本五句殺虜擒辱煩下俱有也字

將不避險易強弱之勢不計衆寡虛實之情惟期必於死鬬者此其恃勇輕生欲圖僥倖必無他謀畧不宜與之力爭也則可設伏布奇以誘而殺之此將之一危也如秦苻堅將梁成輕於進而爲劉牢之所斬宋文帝將劉康祖殊死戰而爲魏軍流矢貫頸之類僥音交

必生可虜虜音魯俗讀擄非註同

將而依戀城堡不敢深入臨陣退縮過自防衛惟期必於生全者此其柔怯無爲軍威不振一遇敵即降者不俟遲之時日也則可奮勇急進以襲而虜之此將之二危也晉趙嬰齊令徒具舟於河敗欲先濟爲楚人覺之而走桓玄添輕舸於舫側以備走北爲劉毅盡銳爭先而潰之類降音杭

忿速可侮忿音刎又音奮

忿者剛怒也速者褊急也如此之將心慮淺狹智識庸下侮之則乘怒輕合不顧利害故可肆爲凌侮以致其來而敗之此將之三危如楚子玉剛愎

不重晉人乃執宛春以激之果遂從晉師而敗十六國姚襄性剛易激苻黃眉遣騎攻壘以挑之果盡銳出追而亡之類愎音鼻

廉潔可辱廉與廉同

廉不妄取也潔不苟行也如此之將清介喜名不受人汚辱之則愧憤交集邀人求逞故可非禮詬辱以致其出而擊之此將之四危也如孔明遺仲達以巾幗仲達怒而欲濟師張飛令士卒肆詬詈張郃出而墮其計之類詬音構幗音谷令平聲詈音利郃音台

愛民可煩一本作繁字非

愛人者心存不忍煦煦若婦人者也如此之將多
姑息求全才無果斷煩之則端緒雜亂謀慮不精
故可出奇煩擾以引其救而困之此將之五危也
煩如掠其鄉村虜其子女奪其畜牧芟其田禾凡
攻其所愛之類在彼惟恐有傷不能捨短從長棄
遠取近必然隨處往救是煩之也若李牧委以數
千人亞夫委梁於吳楚則知審利害而勝之矣又
何煩之有愚謂必死者勇於戰也而或可殺必生
者倖其勝也而或可虜忿速者近乎殺敵之怒而
或可侮廉潔者義事也而或可辱愛民者仁德也

而或可煩此蓋庸常之將守一而不知變者如此若知變通又安可殺虜辱侮煩哉此所以繼九變之終也或曰屈役諸侯之計與辱廉潔煩愛民四條惟臨敵應變不得已而用之非仁人君子之恒心也用兵者慎焉煦音虛去聲芟音山巳音以

凡此五者將之過也用兵之災也覆軍殺將必以五危不可不察也覆音福註同灾一本作災同

承上結言此五危者乃將不知變通之過以之用兵必有災害也災莫甚於覆亡其軍殺戮其將而皆由於五危致之則流禍無窮故不可不審察其

偏而變以通之也愚謂將材自古難之往往失之於偏故孫子首篇曰智信仁勇嚴蓋取其全也材果全焉吾知雖勇而不必死雖怯而不必生雖忿速而不可侮雖廉潔而不可辱雖愛人而不可煩將因事用權隨機妙應矣災奚自而致耶戮音六

行軍第九

行軍者謂軍行出境其次舍須擇便利也欲便利必知變斯可以能之故次於九變而爲第九然名雖止於行軍而篇首以處軍相敵並言者蓋以所居之處有水澤山

陸之不同所經之路。亦有坑塹險阻之不一。偶與敵遇。敵又有動靜進退之迹。障蔽疑似之形。治亂虛實之說。此皆當明於趨避。精於察識者。若在己之軍處之不得其法。在敵之情相之不得其真。必有敗衂之禍。孫子所以詳析言之。上言處軍。下言相敵。而終之以令文齊武。可謂周備無遺矣。但或又疑行軍當在作戰之後。越六篇而方及之。何耶。殊不知形勢虛實爭變者。乃兵家之計。而處軍相敵。則兵家之常式也。

必有其計然後可開其式列之於九則不怍有緩急之分亦有先後之序故讀者能即此求之則十三篇之編目皆可知其有微意存焉也（處上聲相令並去聲衂音忸女六切）

處軍相敵

孫子曰凡處軍相敵（處上聲相去聲後皆同）

處安置也相視也猶察也料也三軍之命懸於一人統衆而行與敵相遇使不擇所處則值險阻有遏絕之患居濕下有疾疫之災軍之喪於非命者我致之也故當安置之有其道不相夫敵則來往莫辨而衝突之患生藏伏莫測而掩襲之害起戰

之至於敗績者我尸之也。故當視察之，得其真。此二者乃一篇之綱領，詳見於下。自絕山依谷至伏姦之所也，則處軍之事凡四，而又統以言之。自近而靜至必謹察之，則相敵之事凡三十二，而又槩以戒之。○或曰：處舍其軍，當相敵而為之，雖通，卻與孫子並重意不協。處去聲，夫音扶。

絕山依谷，視生處高，戰隆無登，此處山之軍也。

絕，越過也。依，附近也。謂經過山險而止舍，必依溪谷而居，一以利水草，一以負險固，但不可當大谷之口也。生，陽明也。高，即山上也。面陽而有生氣則可戰可守故當視之居高而臨下則易於制人故當處之三者有而便利得矣隆亦高也登升也若敵先據隆高之地而結陣待戰則我反為彼所制故不可登而迎之此皆處山之法也否則陷於低危將見水草不利陰濕不明瞭望不及且彼順我逆而挫折必矣凡處山者其可不知乎依谷如馬援討武都羌奪其水草而不與戰羌遂窮困悉降處高如趙奢救閼與先據北山而厚集其陣秦遂爭不得上若馬謖舍水上山已泥處高之法而秦兵爭山不得又犯戰隆而登之戒也惡乎勝時哉

令半渡擊之利

多連戰隆無登句作三者為處山之法恐非詳之○或曰絕跨也乃跨守山險也或曰絕懸絕也謂遠離險峻之山也戰隆一本作戰降降下也謂戰於山下敵引我上山則不可登迎也惡降音杭闘音烟合音拾已音以泥去聲惡音烏戰隆如字

絕水必遠水客絕水而來勿迎之於水內令半渡而擊之利欲戰者無附於水而迎客視生處高無迎水流此處水上之軍也遠音院内當作汭音睡古本通用令平聲下令之同註同半渡舊本作半濟又一說迎客下視生上原有下文上雨水沫至欲涉者待其定也三句今誤在後未知是否詳之

絶橫過也附過近也言行軍過水欲止舍者必離去水稍遠庶可以引敵之來而我亦進退無碍也內水濱也言客兵若渡水而來不可迎之水濱令其半渡水中行列未定首尾不接而擊之則有必勝之利我若得籌而欲與之戰不可近水迎擊蓋敵不得渡則我不可得志也不欲戰須阻水以拒之視生而活處也高謂近水之高地處之則瞭見敵勢彼不得潛出不意決水以漑我也水流水之上流也迎逆也無逆則順流易戰且敵不能投毒於我也夫遠水則能致人而與戰半渡則所與鬭

者寡無附則置彼於背水視生則不陷於艱危處高則我可以衝敵無迎則敵不能薄我凡此六者皆處軍於水之法也否則進退居處皆失其宜欲戰而不得雖戰而不利而敵又得乘流薄我矣故凡處水上者不可不知也時說欲以無迎水流連視生處高爲一事恐非遠水如周德威不逼近河上而退軍鄗邑之類半渡如夫槩王敗楚子於清發漢高帝破曹咎於汜水公孫瓚敗黃巾於東光薛萬均破建德於范陽之類若宋襄公不聽司馬之諫而容楚師得渡成列宜乎傷股殲門官也又

若劉先主見郭淮遠水爲陣悟其欲擊半渡而不濟淮亦何利乎無附如晉陽處父與楚子玉夾泜水而軍皆各退舍欲其來渡之類若苻融容晉軍之渡得此法矣而反敗者由兵無紀律退不可止也迎流如楚令尹拒吳卜不吉子魚曰我得上流何故不吉遂決戰果勝之之類若曹仁不聽蔣濟之言而攻濡須洲是犯之取敗也○或曰遠水者引敵之渡也此似就爲主言與無附同恐非我之絕水也內即水中半渡敵一半之軍渡過也如此說則先過者可即成列禦我亦何利之有高上流

也。水流卑下之處也。又水之來處也。視生處高。讀
水亦當據高而向陽。不可居於水流下地。如此說
則二句之義是相連矣。俱不可從。或曰。生有進退
周旋處也。處高。謂或岸邊爲陣。或水上泊舟。皆須
居於高也。此又是兼地與水言。詳之。舍去聲 碍音害 行音抗 瀐音蓋 夫音扶 鄣音部 郝皓二音 氾音自 瀐音千 泜音池 令尹令去聲 泊音薄
絕斥澤。惟亟去無留。若交軍於斥澤之中。必依水草
而背衆樹。此處斥澤之軍也。惟一本作唯 義同 亟與急同 無留又作勿留 衆樹又作衆木 詳之
絕。經過也。斥澤。若鹽漸洳之地也。其氣卑濕。水草

薄隱人馬處之必生疾疫故當速去之無可留止若猝與敵遇而兩軍偶交於此中則勢不得已亦必擇地而居依近水草以便樵汲背倚衆樹以爲險阻庶乎可耳此二者乃處斥澤之法否則不惟失地利之助而疾疫易生必至困殆矣故行軍者所宜知也○或曰斥大也謂大澤也或曰斥遠也謂壙蕩難守之地或曰東方爲斥西方爲鹵乃鹽地也漸音尖猝音簇已音以鹵音魯

平陸處易右背高前死後生此處平陸之軍也易去聲下居易易敵同註同一本易下有而字詳之

四軍之利黃帝所以勝

平陸坦夷之地也易乃寬廣無險阻處高崗阜丘陵也死謂低也生即高也言值平陸猶當處於易地所以利於馳突也凡人之用皆便於右右背乎高所以恃為形勢也前低可以致敵之死後高可以自處於生所以便乎奔擊也此二者乃處平陸之法否則或陷坎險無所憑而先置死地矣故行軍者所宜知也孔明曰山林之戰不仰其高平地之戰不逆其虛蓋出於此〇或曰既云右背高而又云後生恐有誤文

凡此四軍之利黃帝所以勝四帝也一本黃帝下有之字四帝作四

四帝

軍非

凡大槩也四軍山水斥澤乎陸之四軍也黃帝姓公孫諱軒轅以土德王天下土位中央色尚黃故曰黃帝四帝主宰四方之諸侯也昔黃帝始立四方諸侯亦皆稱帝黃帝惟用此四軍而處之得其利所以能勝之也蓋孫子因黃帝受兵法於風后為兵家之祖故贊之以勉後人觀史記云黃帝與炎帝戰於坂泉與蚩尤戰於涿鹿北逐薰鬻太公亦云黃帝七十戰而定天下可以知其不誣矣王去

聲蚩
音廁

凡軍好高而惡下貴陽而賤陰養生處實軍無百疾是謂必勝好惡並去聲註同一本養生下有而字謹芝

此以下又統論處軍之法以廣其意蓋居高則便於覘望順於馳擊且潦水不及暑溼不侵故可好居下者反是故可惡前爲陽後爲陰居山之前面向平野則明而氣舒故爲貴處山之後面向叢林則晦而氣鬱故爲賤觀下文又云山林隄防必處其陽而右背之亦以此也生謂近水草林木便於牧放樵汲之地實謂餽運常通可使資糧不絕之地行軍者能養而處之則軍中百病不生而無疾

兵之利地之助

厲之灾是謂雖未交兵接刃可以必其勝也好高惡下如裴行儉拒軍士之諫不居平地之下而從山岡之高卒免水患陶侃從李根之謀不壘查浦之下而壘白石之高卒破蘇峻之類若李陵居於山下于禁屯於滑口則昧此義矣養生處實如孔明伐魏屯兵渭南之類若曹操伐吳馬援征蠻則昧此義矣○或曰東南爲陽西北爲陰又曰生謂生氣即陽也實謂實地即高也言向陽明居隆高以爲固也雖通恐重前二句意潦音勞去聲溽音肉重平聲

丘陵隄防必處其陽而右背之此兵之利地之助也

此又言丘陵隄防雖非至高處之亦當視陰陽向背之勢丘陵崗阜也隄防壩岸也陽前也山之有丘林水之有隄防乃地勢之常吾軍之處亦必在於其前而致此地勢於右背之後以為險固此為用兵之便利得地勢之資助也昔趙奢先據北山而破秦孔明每出祁山而伐魏類此若漢李廣行無部伍惟就善水草頓舍不至敗亡蓋亦幸矣

上雨水沫至欲涉者待其定也沫音末

沫泡漚也涉濟也上流有暴雨水浮沫而至我兵若半涉恐水遽漲而衝絕故欲涉者須待水勢安

定後過斯無虞矣不可乘以躁急也○或曰上雨水當清而反濁沫至非山水驟發必敵人權遏水之占也濟則受其衝激之害故宜待其定詳之沫音抛漚音歐

凡軍有絕澗天井天牢天羅天陷天隙必亟去之勿近也吾遠之敵近之吾迎之敵背之絕澗一本作絕天澗

谿谷深峻水橫其中者爲絕澗言其斷絕難行也四高中下衆水所歸者爲天井言其如坐井底也山險環繞易入難出者爲天牢言其如禁獄中也草木蒙密鋒鏑莫施者爲天羅言其如罹羅網也

陂陀泥濘車騎不通者爲天陷言其如墜陷穽也道路迫狹多有坑坎者爲天隙言其如入鼠穴也凡此六害之地乃自然之形故曰天敵得追截阻遏我軍皆在於此若適遇之必速過去若偶舍止切不可近然所以當速去而勿近者何也以害不在此則在彼耳迎向也背倚也吾遠之敵必近吾迎之敵必背夫遠之迎之則吾進止自由而有利近之背之則敵舉動有阻而多凶此見不惟已能違其害又能致敵於受害之地也○或曰絕澗是地天井以下五者乃絕澗之惡形非迎就也謂我

就於害敵自背去也有相爲利害意詳之易騎舍並去聲鏑音的那音辟夫音扶

軍旁有險阻潢井林木蘙薈者必謹覆索之此伏姦之所也潢音黄蘙薈音蕪加翳薈音意位覆去聲下覆也同索音色註皆同姦時本作奸非舊本軍旁作軍行林木作山木蘙薈草又林木蘙薈作蘙薈林木所下有處字俱差今皆訂証高明詳之

軍旁我軍之旁也險阻丘阜之地潢井窪下之處林木衆木所生蘙薈衆草所產翳薈者蒙密屏蔽也言軍行其旁有此等之地恐敵兵伏藏或姦細潜隱覘虛實探動靜以掩我不備故必致謹覆之

索之覆如左傳三覆七覆謂設覆以備人也索方搜索謂防人之襲我也此上皆統論處軍之法如封常清乘勝追大勃律斥堠段秀實曰虜兵羸而屢北誘我也請搜左右山林多獲伏兵遂大勝之韓果善伺敵虛實揣知敵情有賊匿溪谷而欲爲間諜者果登高望之所疑處各必有獲皆知此伏姦之義者〇或曰覆索謂搜之再三也伏姦伏藏姦細也俱作一事不必分覆與索伏與姦爲二詳之窪音虹羸音雷傳間並去聲

近而靜者恃其險也遠而挑戰者欲人之進也一本近上

有敵字又一本近而下有敵字詳之

此以下皆相敵之法欲人人字作我字看敵營近我宜整衆譁戰矣乃反靜而不動者是恃其險固志在不戰也敵遠於我宜休士以守矣乃反自來挑戰者是欲誘我乘利而進而彼得奮擊我也此以遠近動靜相之按尉繚子曰分險者無戰心挑戰者無全氣即此義也

其所居易者利也

易平地也立營布陣依險為常敵人舍險而居於易者是以利誘我計有他出也此以居止相之如

劉昭烈遣吳班將數千人於平地立營欲誘陸遜

遜揣其有巧不聽諸將之言而不擊蓋知此義也（舍音捨諸將將字去聲）

○或曰敵不居險而居易者必有便利於事也

衆樹動者來也衆草多障者疑也（障音帳）

凡軍止不除道舍不伐木今登高遠視近敵之衆樹動搖者是斬木除道而來也居必欲明所以遠伏今敵人前後左右結聚其草爲障蔽者是使我疑而不敢舉也謂或欲退去故爲障蔽以避我之追或欲掩襲故爲叢聚以張彼之勢此以草木相

鳥起獸駭

之多障如宇文憲令永昌公椿不張帳幕而伐柏爲菴齊人果不知其退之類○或曰樹動不止除道亦將爲兵器若晉人伐木益兵是也舍去聲

鳥起者伏也獸駭者覆也

鳥本平飛至彼忽高起者下有伏兵往藏以觸之也獸本隱伏忽然驚駭而奔出者敵必從彼險阻草木中覆而來襲我也此以鳥獸相之觀師曠曰烏烏之聲樂齊師其遁則知鳥獸眞可相敵也

塵高而銳者車來也卑而廣者徒來也散而條達者樵採也少而往來者營軍也少上聲註同

車馬勢重行疾又轍迹相次而進故塵埃高起而銳直徒步行遲又行列疏遠故塵埃卑低而廣潤分遣樵採各隨所便故塵埃散亂而條達凡立軍營必輕兵四出相視地形故塵埃微小而或往或來此四者是登高相敵之塵而即知何事也凡軍行須有探候之人在前若見塵起必馳報主將如楚潘黨望晉塵使騁而告是也行列之行音杭將去聲

辭卑而益備者進也辭強而進驅者退也舊本下文無約而請和者謀也句在此退也之下詳之

敵使之來言辭卑遜而益脩戰備若怯弱者是驕

懈我而欲進兵以掩襲也言辭強壯而示進驅之形者是詐誑我而欲退走以全師也此以使辭相之辭卑而進如趙奢善食遣間而增壘後乃卷甲疾趨田單遺燕將書謂城降願無虜掠後乃火牛奔戰之類辭強而退如秦使目動而言肆史駢知其懼而將遁李師古假道伐滑韓許公知其詐窮而遷延之類（使間將並去聲卷與捲同駢音便平聲）

輕車先出居其側者陳也（陳去聲與陣同註同）

輕車戰車也側兩旁也陳軍師行伍之列布之欲接戰也接魚麗之陣先偏後伍言以車居前以伍

無約而請和者謀

次之此欲戰者所以車先出其側也行音杭

無約而請和者謀也按此二句當在輕車前與進也退也俱爲相其使命且輕車與奔走半誘三段爲相其敵勢甚妥但不敢強改姑俟高明再詳之

先無和約而臨戰之時驟使來請此必有姦謀也爲主將者當謹其言語閑其形勢增其守備行其計策不可輕信而自怠以墜其術中也如漢王使酈食其將重寶啗秦將賈豎連和因其怠而擊之李矩潛其精兵以牛酒請和於劉暢因其醉而擊之尚結贊詐與馬燧盟乘其不疑而衷甲刼之之類大抵兩國之師或侵或伐彼此皆未屈弱而驟

來請和。非國內有憂危之事。欲苟且暫安。則必知我可圖。乃先和使不疑。然後乘不備來取也。將去聲酈食其讀作歷異基啗音淡賈音古

奔走而陳兵者。期也。半進半退者。誘也。一本兵下有車字非

陳中奔走。而陳列兵容者。是期約士卒欲戰也。詐爲亂形。而進退各半者。是誘我之進兵也。此與上輕車俱爲相其陳勢。蓋敵或欲出奇。或欲發伏。必有此狀。我雖不能盡知。即當隨處加備也。半進半退。如吳子以囚徒示不整誘楚師之類。或曰尋常之兵。不合奔走。必遠兵相應。有晷刻之期。欲合勢

杖立先飲

同來攻我也。或曰：立旗爲表，與民期於下，故奔走以赴之。周禮云：車驟徒趨，及表而止是也。或曰：陳兵，陳設兵器也。詳之。陳勢陳字與陣同

杖而立者，饑也；汲而先飲者，渴也；見利而不進者，勞也。杖諸本作仗，義同。一本作重，非。又一本進上有知字，非。

杖，戈戟之屬。凡人饑困則倚物而立，故杖而立者，知其軍之饑也。汲，取水也。凡汲水先取而飲者，知其軍之渴也。利，如首功、旗鼓、馬乘之類。利之所在，人必趨之，見之而不敢進取者，知其軍之疲勞也。蓋軍中飲食休息，上下同時，觀其一二，則衆人可

鳥集夜呼

知此三者相其士卒。或曰先飲是汲水未至營而先飲也又曰爭先飲也（乘去聲）

鳥集者虛也夜呼者恐也

敵人遁去營壘空虛故鳥集其上將無膽勇士卒恐懼故中夜驚呼此是相其形聲如楚伐鄭鄭人將奔諜者曰楚幙有鳥楚兵去矣又晉伐齊叔向曰城上有鳥齊師遁矣此因鳥集而知虛者晉軍與楚戰晉軍終夜有聲此將不勇而夜呼者（將去聲）

軍擾者將不重也旌旗動者亂也吏怒者倦也（將去聲註同）

士卒貴於安靜而煩擾多事者可以知將無威重也旌旗所以齊衆而動搖不定者可以知部伍亂雜也將吏所以率衆而有忿怒色者可以知軍之勞倦不可使也此乃相其軍政如周亞夫軍中夜驚而堅臥不起張遼軍中忽亂乃中陣而立是皆能持重者曹劌視齊轍亂旗靡而逐之是能因動知亂者晉楚相攻晉裨將趙旃魏錡怒而欲攻晉軍皆奉命於楚郤克曰二憾往矣不備必敗是能知吏怒者或曰政令不一人情倦煩故吏多怒而不畏也此專在吏上說詳之劌音貴裨音裴旃音占令去聲

殺馬肉食者軍無糧也懸缻不返其舍者窮寇也缻音缶上聲音府非新本作餅又作缾作缻俱非舍去聲註同

缻炊器釜屬馬所以乘之而戰也殺爲肉食者因軍中無糧不得已也懸缻於外示不復炊暴露士卒不復返舍乃窮極之寇欲決死戰者也此是相其儲畜如張巡守睢陽殺馬而食孟明焚舟伐晉項羽沉舟破釜之類○或曰殺馬當作粟馬懸上有軍無二字謂捐糧穀以飼馬殺牛畜以饗士軍無懸缻破之示不復炊不返其舍結部伍晝夜無息是乃窮寇欲決一死戰者須當堅守以待其

弊也。或曰：粟馬肉食，所以為力且久也。不返舍，無

田心也。俱未知是否。高明詳之。已音以

諄諄翕翕，徐與人言者，失衆心也。數賞者，窘也。數罰

者，困也。先暴而後畏其衆者，不精之至也。諄音迍。翕音吸。新本作諭，又作𦑝，皆非。數音朔。註同

諄諄，誠懇貌。翕翕，和合貌。徐，緩也。數，屢也。將令貴

嚴，宜速決之。乃強為誠懇和合之態，而且徐緩與

人言論，不敢直突者，必其失衆人之心，而恐其離

散，故欲假是以收復之也。賞所以酬功，乃無功而

屢行賞者，必其士心窮窘，而將去，故欲賞以安之

也。罰以討罪。乃無罪而屢行罰者。必其士力困憊而難用。故欲罰以勵之也。恩威無濟。斯為精詳。若先以暴虐御下。而及其後也。又畏人衆叛已而姑息之。則用威行愛。俱不得宜。可以知其行事不精詳之至也。此四者是相其敵之將。○或曰諄諄竊語。貌翕翕。相聚不安。貌。徐與人言。緩緩遞相議論。恐人知。貌。遠相敵有如此之形。可以知將失人心。故人皆聚言非其上也。或曰。諄諄。誠懇之貌。翕翕者。患其上也。將失人心。則衆相語誠懇患其上也。此二說俱在士卒上說。或曰諄諄者。之氣聲促也。

翕翕者顛倒失次也或曰諄諄者言之不已翕翕者迎合其意此二說又在將上說但解守義舉篇韻所註不同或曰窘軍實窮迫也恐士心怠故別施小惠也人力困弊不畏刑罰故數罰以立其威也或曰暴輕率也先輕率視敵後聞其衆而恐懼乃料敵不精之至也或曰教令不能分明士卒又非精鋭乃先自恃強暴伐人而後畏衆心之悖乃訓練不精之至也（令去聲強上聲僨音敗）

來委謝者欲休息也

委舒除之貌敵使來言辭委順而謝過者是其勢

力窮極或有他故欲休兵息戰以俟後舉也此是相其敵之意自近而靜者至此共相敵三十二事。○或曰委謝者除前而疾後也或曰戰未相伏敵來委心於我而謝罪或曰以所親愛委質求謝未知孰是詳之愚嘗按三十二事誘也以前十七事皆以當備者言之饑也以後十五事皆以可擊者言之又細分之利也以上未戰之相也退也以上。將戰之相也誘也以上方戰之相也勞也以上戰合之相也倦也以上戰後之相也不精之至也以上戰歸於營之相也其有序如此非雜亂者倫使去聲。夫音扶。覆去聲。索音色。

兵怒而相迎。久而不合。又不相去。必謹察之。

此又槩言相敵之事。兵以怒而來逆我。宜速於合戰也。乃久駐相持。而不布陣以戰。又不解去。此決有奇伏姦謀。志在於他出。必當嚴謹以戒其衆。詳察以觀其變。不可墮彼之計中也。夫前處軍未言必謹覆索之。此相敵末言必謹察之。吁。孫子惓惓致戒之意深矣。

兵非貴益多也。惟無武進。足以併力料敵取人而已。

夫惟無慮而易敵者。必擒於人。已音以。下同。夫音扶。註同。一本益上失去

貴字一本多下失去也字皆非今增之一本惟作雖非今改正之

益增也。武進。恃剛武輕進也。而已者。不必求於他也。此因上數條相敵之形。既知其必敗。故又言此以足上節之意。見兵非貴增多。若權力相均。惟無恃剛武輕進。以自持重。但選用於厮養之中。亦足以併合其力。料度乎敵。以取勝於人而已。不必假他兵自助也。夫惟無萬全之謀慮。而輕易敵。爲不足畏。徒以武進。則必被敵人所擒。可見患在於無謀。不在於不多也。惟無武進。如趙充國之追羌虜能持重緩行。卒全勝而還。司馬懿之於孔明。雖巾悃不出卒自保無失是也易敵必擒如齊與晉戰齊侯曰吾姑剪此而朝食不介馬馳之爲晉所敗是也又左傳曰蠭蠆有毒而況國乎則敵不可易更明矣愚謂觀此節則知用兵者莫先於謀而謀之出也尤在持重不此之務而惟徒勇輕合未有不致敗者故吳子曰論將常觀於勇勇者數分之一耳言不可專尚勇也○或曰兵非貴益多二句謂我兵力不多於敵又無利便可進也或曰武進武勇進鬬之士也或曰武繼也謂兵之不多雖無能繼進也俱覺文義欠順且無味○度音鐸蠆音釵去聲將更並去

令之以文齊之以武

聲

卒未親附而罰之則不服不服則難用也卒巳親附而罰不行則不可用也故令之以文齊之以武是謂必取令平聲註同新本二用下無也字今並依古增之

此承上文言行軍之事雖不過於處軍相敵二者而其實御之當有其道故復言此以結之罰刑法也令猶使也齊所以一之也文仁恩之謂武威刑之謂與罰同衍居將帥之任仁恩未施士卒尚未親附於我遽以刑法加之則人心必怨謗而不服不服則命之進而未必進命之退而未必退難以

用之也。苟仁恩素洽。而士卒已親附於我。有過者不能行罰以治之。則姑息太甚。養成驕惰。亦不可用也。此皆罰之失宜者。故將能以仁恩之文。令之於先。而親附之。以威刑之武。齊之於後。而整肅之。則恩威兼濟而不偏。先後有序而不紊。是謂人皆輸心用命。必能取勝也。卒未附。如春秋伍參曰。晉之從政者新。未能行令。穰苴曰。臣素卑賤。士卒未附。百姓不親之類。親附不罰。如唐莊宗二十年。夾河戰爭天下。不能用軍法約束士卒。威令不行之類。令之以文。如穰苴初將。凡飲食醫藥。身自拊循。

三日而後勒兵。病者皆求行奮戰之類。齊之以武。如呂蒙襲荊州有鄉軍取民間笠以覆官鎧。蒙以其犯令。涕泣而斬之之類。或以穰苴文能附衆。武能威敵。吳起總文武者軍之將爲証。恐二子之文武字。非專在仁恩刑罰也。或曰。書云。威克厥愛。允濟。愛克厥威。允罔功。言威宜先也。今武子乃先愛何哉。愚意書之所稱。仁人之兵也。王者施德於民。其心素附。及其用之。惟患寡威。武子之所舉。戰國之兵也。霸者行酷法。人心易離。故其用之。須當以恩爲先。而後齊之以法。時有不同故爾將覆易並去聲鎧音

令素行以教
則民服
令素行者衆
相得

慨酷音哭

令素行以教其民則民服令不素行以教其民則民不服令素行者與衆相得也令去聲註同

此又是申上節意總言恩威之令當行之於先則與衆心相得士皆服從而可用也素平常也行恩威無撓阻也教訓練之也服心相孚也故以之臨敵則勝不能者安望是效乎與衆相得謂上以信使下下以信事上同心同德也惟相得故必服若不素行則不相得矣又何服之有令素行以教如子犯諫晉文公先教民禮義信而後用之之類不

素行以教。如韓信背水陳。謂非素得拊循士大夫。驅市人而戰之類。令素行得衆。如吳起未與秦戰。先令於車徒騎。及戰日不煩而威震之類。愚意處軍相敵。行軍之應事。恩威並用。行軍之大本。徒知其事而不知其本。亦不能行也。但孫子前八篇不言。而至此篇乃言之者。豈無見哉。蓋人心或離叛。或驕悍。或畏懾。皆在於軍出之時。見敵之初故也。然則孫武論兵。毫無滲漏。於此可徵。滲音參去聲

地形第十

地形者。山川險易之形也。凡行軍。必使軍

士伺其伏兵將乃先自視地之形知其險易因而圖之然後可以立勝故次於行軍爲第十細玩通篇之義作五段看自地形有通者至察也言地形及因地制勝者六自故兵有走者至察也言兵名及將自致敗者六皆舉其目於前而釋於後也自夫地形者至國之寶也言地雖兵之助將尤貴知之以料敵知否而勝敗殊進退而咸當保利也視卒至不可用也又承言將爲國之寶當得撫用士卒之法知吾卒至末

則總言敵與吾卒與地形皆須知其可擊否見不能全知者止可半勝惟知者不迷不窮故復引古語以結之也夫上篇處軍相敵已無地形矣此復出之者因上篇之形乃軍行在途所經之地尚有未盡此篇論戰場之形勢安營布陣之所也吳起地機正見於此蓋雖有智勇之將精強之卒若陣之不得其地猶走良驥猛虎於藩淖中不惟難逞其技立見其危是以將宜熟之於平日而慎之於臨事不可妄驅士卒

於非地耳大畧文意多同於前九變行軍諸篇學者詳讀自見易將並去聲夫音扶淖音鬧

孫子曰地形有通者有掛者有支者有隘者有險者有遠者掛舊本作挂

此六者地形之名也其義與法詳見下文見音現

我可以往彼可以來曰通通形者先居高陽利糧道以戰則利一本曰上有故字非

此因通形制勝之法下五節做此通形者無有岡坂要害乃四戰之地故兩通往來值此須先居隆高向陽之處易於瞭望而不為敵所侵開達運糧

之道便於轉輸而不爲敵所絕可戰而戰則無不
利也若敵先居之或得以奪之則難勝矣易去聲
可以往難以返曰掛掛形者敵無備出而勝之敵若
有備出而不勝難以返不利
掛形者彼此牢掛之地可往而難返者也察敵無
備則乘易進之勢一舉而勝之雖入險阻無傷也
否則敵守其險雖出而不勝且或爲犄角或邀歸
路難以退還故非所利也如滿寵論曹休所從伐
吳之道背湖旁江易進難退此兵之窪地也之類
或曰掛形乃險阻之地如犬牙相錯動有掛礙

也或曰掛懸掛也往則順而下返則逆而上後高
前低如物掛者然也或曰值此地須審敵人動靜
設法致之與戰則勝不然亟去之可也或曰不得
已陋於此須為持久之計掠取敵糧伺其便利而
擊之俱通併存俟考易去聲礙音害亟與急同已音以
我出而不利彼出而不利曰支支形者敵雖利我我
無出也引而去之令敵半出而擊之利令平聲
支持也相持之地彼此莫利於出敵若以利誘我
不可舍險而出追因其我出不利故也但當因其
來誘而反示之以弱或留兵設伏佯引而去敵止

則已若無謀而冒險出躡惟俟其半出之際行列未定首尾不接而擊之則必破敗故利此正見彼出不利也○或曰敵我各守高隘對壘相望中有平地狹而且長出軍則不能成列遇敵則難於救應彼此皆然兩相支持而已故爲支或曰支久也俱不便久相持也已音以行音杭

隘形者我先居之必盈之以待敵若敵先居之盈而勿從不盈而從之○

兩山之間中有通谷勢如腰鼓者曰隘乃狹窄之處也盈滿也從隨也言此隘地我先居之必盈滿

隘口與山平齊爲陣使敵不得進如水之在器與器口齊也盖我在隘中其勢狹敵在隘外其勢濶在中者可以散兵於外搏戰用奇在外者難以遠入奇無所用故我爲便也若敵先居隘口亦知此術而盈滿爲陣則不可徑以進攻當引而去之雖知守隘而不盈滿則入隘以從之與之共分其險而出奇此則形勢既均在戰不在地所謂兩鼠鬭於穴中將勇者勝也夫盈隘待敵兵法之常趙不能守井陘遂致韓信長驅燕不能守大峴遂致劉裕直進真可爲千古之慨按總要云盈滿之術非

惟當用之於隘雖如平坡迴澤車馬不通舟楫不
利中有一徑亦須據其路口但呉起曰無當天竈
天竈者大谷之口此又何也蓋起之所謂無當者
正處迎口而營居恐爲敵或兩水所衝也此言盈
之者是入據其險而又列陣盈塞其口非止當之
故我無害而敵難於進也義實不同最宜詳悟○
或曰盈隘口是屯營滿其山谷之口也或曰盈實
也從逐也謂敵兵守隘實而不去則不可逐討也○
恐皆非窄音則摶音剸將去聲夫音扶陘音刑峴音現
險形者我先居之必居高陽以待敵若敵先居之引

而去之勿從也一本從下無也字今依古增之

山峻谷深阻阨難行者曰險非人所能爲者也制勝之法亦與上同先居者以佚待勞致人而不致於人也居高陽者從上擊下勢順雖持久可免陰濕生疾也引去勿從者蓋因敵先居之則布陣已定度便已審戒飭已明神閑氣舒而力有餘我在後至必倉皇急遽諸皆不備故也愚意居高陽者不惟利戰亦可無水潦之患觀裴行儉臨晚下營已周忽移崇岡不被雨水所淹之類又高陽二者皆得固吾所欲若不獲已則寧舍陽而就高不可

舍高而就陽也。觀趙奢先據北山。面陰而背陽。卒破秦軍之類。又平陸之地。尚宜先據。況險形乎。得之則勝。乃彼我必爭者。故當先居。觀唐太宗先據武牢以待竇建德而破之可知。細玩有此三義。故因附記以發孫子之旨。○或曰。險形者其中有坑塹。有荊棘。困車阻馬。不便馳突之處。皆是。如此說則險乃不利於戰者矣。何孫子欲先居之。故必主前說。得險則勝爲正。（已音以。度音鐸。潦音勞。去聲。舍音捨。）

遠形者。勢均難以挑戰。戰而不利。（一本而字作則。非。）

遠形者。謂彼我之地相去遼濶也。勢均者。謂我兵強弱衆寡之勢與敵平等也如值乎此止可致敵之來而擊之難於遠行挑戰若徃戰則我勞而敵佚地不可取掠不可得何利之有或曰遠形者戰地離營遠也勢均者我之勢力平等也難以挑戰者敵將持重不可誘也蓋值此地若我之勢力過之或彼易挑而致則雖遠戰亦利也惟勢均難挑則不利此以難挑連上勢均作二事說雖通終不如前說爲正〇或曰遠形者去國遠也挑戰者延敵與戰也或又曰迎敵也或曰挑不利而必欲戰移壘相近可也詳之將易並去聲

六者地之道

凡此六者地之道也將之至任不可不察也將去聲下同註同

總結上六者乃因地形制勝之道爲將帥極至之任故不可不詳以察之必明地之紀而用兵有法斯勝也

故兵有走者有弛者有陷者有崩者有亂者有北者

凡此六者非天地之灾將之過也弛音矢下同灾與災同舊本天下無地字新講又欲以天字作衍文俱非今並存之

六者兵敗之名先舉其目下詳什之言上文地固有六形六法矣猶有此六兵非干於天地之爲灾

咎。實乃自取敗之過。與地法亦相當無異。正以明將固不可不知地形之爲助。又不可不知治兵之爲重耳。將去聲

夫勢均以一擊十。曰走。夫音扶下同註同

此不度勢之過也。勢均。謂將之智勇兵之利鈍。天時地利饑飽勞佚一切相等也。夫我之勢加於敵。方可以寡而勝衆。若均等則不宜輕戰。必須用奇伏以勝之。乃不量其力而以一倍之少。擊敵十倍之多。能無走乎。走者兵刃未接而先逃。盖恐被其圍故也。如蘇建趙信。并兵三千而追單于數萬。全

軍盡沒。蘇建獨以身免亡歸。正犯此法者。愚意此勢均。與上遠形勢均微不同。上勢均專以兵力言。此勢均覺所包者廣。學者詳之。○或曰。勢均地勢相均也。走必然奔走不能返舍。復爲駐止也。度音鐸將量舍並去聲必去聲

卒強吏弱。曰弛。

此不選吏之過也。吏以明法勇決爲貴。苟士卒強悍而將吏懦弱。不能鈐制。則號令不行。必致解散。故名之爲弛。弛者。如弓之壞而不可張也。唐命田布爲帥伐王庭湊。魏士輕之。不遵約束。臨敵而皆

潰散。正與此合。○或曰。弛謂軍政廢懈也。將令並去聲後皆同。奏音輳

吏強卒弱。曰陷。

此不練士之過也。士卒齊勇若一則勝。若將吏雖剛強。而不能素練其士。至於怯弱。則用之以戰。必然覆沒。故名之爲陷。陷者。如地之陷而不可出也。項羽逞其強暴。與漢戰於彭城。卒以二十八騎自刎。類此。○或曰。陷謂吏恃強。不能令弱卒之進。而獨戰。徒陷其身也。或曰。凡有血氣。孰無鬬心。吏雖強。不能激卒之弱而奮勇。故爲下所陷也。

大吏怒而不服。遇敵懟而自戰。將不知其能。曰崩。懟音

隆註同

此不和同之過也。大吏偏裨也。怒忿也。懟怨也。將主將也。言諸將一心。上下同力。則勝。若偏裨忿怒。不服主將之令。遇敵輒以怨懟心。不料敵情。欲自爲戰。此其人必賦性剛愎。耻受人言者。或負才觖望。失志倖功者。或平日交惡。謀議不合者。主將最宜精察而節制之。乃不知能否。聽其自戰。此必傾崩之道。故名之爲崩。崩者。如山之崩壞。自上墮下也。如晉趙穿惡臾駢之爲上軍。自以其屬出與秦

戰而大敗。正類此。○或曰大將無理發怒而不能厭小將之心。遂中懷忿恨。卒然遇敵而自戰與夫士卒各有所能。大將又不知而誤用之。寧非上自崩敗乎。此以大吏作大將說。恐不通。裨音裴懊音襖惡去聲駢音便平聲卒音猝夫音扶

將弱不嚴。教道不明。吏卒無常。陳兵縱橫。曰亂。此不教閱之過也。大將怯弱。素不威嚴。教閱之道不明古法。吏卒屢更。不能久任。而無常守之職。陳設其兵。或縱或橫。而無畫一之制。則將夫其德。士失其伍。叅越紼齊。故名之爲亂。亂者。自亂其軍。以

引敵人之勝也。如苻堅伐晉之兵，退不可止，晝夜驚奔，而大敗於謝玄類此。或曰：不嚴，令不嚴切也；不明，教不詳悉也；無常，無常度可稟受也。或曰：惟不嚴，故吏卒無常檢；惟不明，故縱橫無定規。此是分開以應上二句說。或曰：因不嚴明，故無常守而陳布行列縱橫自由。此是隨上二句以下二句作一連說，俱未知是否。行音抗

將不能料敵，以少合衆，以弱擊強，兵無選鋒，曰北。北必上聲，註同。北一本作背

此無選鋒之過也。言大將不能料敵之衆寡強弱

而以已之寡少合人之衆多以已之怯弱擊人之強盛其兵又無簡選精銳之士使馬先鋒以倡勇陷敵則內無以壯志外無以揚威必致敗走故名之爲北北者謂人以面爲陽背爲陰陽屬南陰屬北今棄甲曳兵而走不復面敵但背之而去故曰北也如曹操以張遼爲先鋒而敗鮮卑謝玄以劉牢之領精銳而拒苻堅岑彭伐蜀募攻浮橋先登者得魯哥而直進馬隆征西募腰引弩三十六鈞弓四鈞者得三千五百人而果平皆知用選鋒者考之歷代名不同而鋒則一若齊之技擊魏之武

卒秦之鋭士漢之三河俠士劍客奇材吴之解煩齊之訣命唐之跳盪金之拐子馬皆是也大抵兵之勝術莫先於選鋒故當群衆人而選之使鋒鋭者别聚爲一卒賞之甚厚待之甚優仍擇腹心健將統領則遇敵之際必先登陷陳潰圍决勝若不能選而疲勇混用爲一將見勇者不復自奮疲者因有所容雖衆亦寡雖強亦弱安得而不敗乎此爲將者所宜喫緊○或曰北奔也

凡此六者敗之道也將之至任不可不察也一本至任作專任非

地形者兵之助上將之道知此用戰必勝

總結上文六者爲自敗之道將之三句解與前同

此見相地治兵二事相須不可以彼而廢此也

夫地形者兵之助也料敵制勝計險阨遠近上將之道也知此而用戰者必勝不知此而用戰者必敗

上舉六敗見不惟知地猶當治兵此則又言不專於地而更能料敵者方可取勝稱上等之良將也

夫地有通掛支隘險遠之形用兵者必因地取勝如山可以障水可以灌高可勝卑險可勝平之類故地形爲兵之助觀助則知勝也全由於主將運籌地特幫助之耳若能料度敵勢而制勝以爲本

又較計於地形險阨遠近之末以行師斯本末兼該乃爲上將之道苟徒區區於地形之審而料敵不中制勝無方亦庸常而已豈上將乎謂之曰道則係將之重務又可知矣是以兵之勝敗無僥於他求惟在敵情地形之知與不知用之以戰而勝敗即決也如孫臏料龎涓之兵悍勇輕齊遂減竈示弱又度其暮當至馬陵狹險斫木白書而伏萬弩齊射之司馬懿料公孫文懿必出中下策徑逐一年足矣又計其阻遼水襄平必空而徑擣其巢以引斬之此皆料敵計地者○或曰助當作易蓋

惟民是保而利於主

戰雖在兵得地易勝也或曰兵之勝主於仁義節制地利不過扶助之或曰制當作致是料敵虛實強弱之情而致我之勝或曰上將者乃爲將臻極之道畢盡而無遺也或曰知此二句乃總結一篇之言知此者知此篇之義也更中易並去聲幇音邦度音鐸已音以斫音刼又音着擣音倒上聲

故戰道必勝主曰無戰必戰可也戰道不勝主曰必戰無戰可也故進不求名退不避罪惟民是保而利於主此國之寶也惟一本作惟義同民作人利下有令字非

此又承上文而言將雖當知敵情地形一有貪畏

之心而從中制則勝亦難矣故必須授之以戰道也主曰猶言君命也將在軍君命有所不受非不知尊乎君正以戰之勝敗何如爲要耳蓋與其從令而僨事不若違制而成功否則爲身家計得矣其如三軍社稷何故戰有必勝之道主雖命無戰必戰之爲可戰有不勝之道主雖命必戰無戰之爲可二可字對不可言乃不然意非僅可未盡之辭也故進雖有名實非求戰勝之名退雖無罪實不敢避違命之罪惟欲保全生民之命而有利益於君主此等之將忠足以安邦智足以察敵乃國

家之珎寶見不可以易得當貴重用之也戰道必勝而必戰如魏李典知高蕃少甲恃水懈怠有必克之機乃違曹操從陸之戒而與程昱亟擊之水道果通吳夫槩知楚危不仁臣無死志有必奔之勢乃違闔廬弗許之語而以其屬五千擊之楚師果敗是皆知必戰之義者若遵主之命而無戰則司馬懿之甘受巾幗而畏蜀如虎可耻也戰道不勝而不戰如趙充國知先零罕幵未可並下雖璽書督戰竟不從而請罷騎屯田卒奏振旅之績鄧禹知赤眉飽鋭未可遽當雖下敕進兵竟執前議

嬰兒愛子

而且就糧養士卒收平賊之功是皆知無戰之義者若遵主之命而必戰則哥舒翰之兵出潼關而失利被擒可鑒也即此觀之在李典與夫槩之進原無求名之心在宄國鄧禹之退原不避違命之罪惟有見於必勝不勝均可以保利而已若司馬懿則猶料孔明之難敵哥舒翰豈非窘迫不得已乎此千古勝敗之徵世將不可不審也將令易騎並去聲下皆同

亟與急同惘音谷罕音甜上聲开音牽巳音以

視卒如嬰兒故可與之赴深谿視卒如愛子故可與之俱死

此亦承上言將雖為國之寶猶必恩惠素行然後可用衆以成功嬰兒初生無知之子其命懸於父母當乳哺育養者也愛子父母親愛之子也將能視士卒如之凡饑飽勞佚疾痛痾癢無不用心而撫恤衛護則士卒亦必視將若父母故雖令之赴深谿同死難亦無不可也深谿至險不測喻必危之地死者人之所甚惡此而尚可則無有不可者矣向非恩以感之何以得其心如此哉古云美酒泛流三軍皆醉溫言一撫士同挾纊觀於此不益信夫如穰苴之拊循醫藥故士爭奮出吳起之吮

殖裹糧故士樂於戰段頰親爲傷者賠省故得將士之心王濬之全活巴蜀生男故奏伐吳之績皆得於此令平聲難惡並去聲纊音廣夫音扶吮音人上聲樂音洛頰音冏

愛而不能令厚而不能使亂而不能治譬如驕子不可用也令去聲註同

此承上節言撫衆雖當以恩亦不宜專用須威以濟之斯可也若爲將者徒能愛之如子而不能令之以遵其法徒能厚其生命而不能使之以勇於鬬視其縱橫紛亂而不能治之以整其伍則譬如驕養之子狎恩恃愛一不如意即對目還害有勃

逆之心而不可用以臨敵也姑息之弊如此即前篇卒已附而罰不行意如劉璋暗弱令不嚴於西蜀在宗姑息威不振於乞恩之類愚謂將者國之輔三軍者又將之輔欲求勝敵非得其心而樂爲用命何以能之究其本焉亦恩威兼濟而已惟專用恩則如驕子故孔明所以對泣而戮馬謖呂蒙所以垂淚而斬鄉人楊素所以流血盈前李靖所以十殺其三皆明法審令欲使畏我而不畏敵也專行罰則離心難用故闔廬所以同勞佚勾踐所以厚賑施文侯所以須賜廟庭李牧所以椎牛饗

士皆恩加平日。使之感勵而圖報也。考之師之初六曰師出以律。謂齊衆以法也。九二曰王三錫命。謂勸士以賞也。尉繚子亦曰。不愛悅其心者。不我用也。不嚴畏其心者。不我舉也。觀此則信當並行。而偏廢之者。豈善於駕馭乎。巴音以樂音 洛謖音速

知吾卒之可以擊。而不知敵之不可擊。勝之半也。知敵之可擊。而不知吾卒之不可以擊。勝之半也。知敵之可擊。知吾卒之可以擊。而不知地形之不可以戰。勝之半也。

此承上言恩威兼濟。固可得士心以進戰。又必知

已知彼知地形之可不可然後能全勝而有一缺焉雖不狥君命善馭士卒亦無益也故云勝之半者有勝有負不得全勝之謂也吾卒可以擊者精鋭勇敢也不可以擊者頓弊怯懦也敵不可擊者強而實也可擊者弱而虛也地形不可以戰者不便之處雖以陳兵出奇也即謀攻篇末知彼七句之意此特加地形耳昔周瑜指曹操托名漢相實漢賊孫權承父兄據有江東國險民附且操舍鞍馬爭衡於江湖盛寒無草必生疾病假以精兵三萬保爲破之是知彼知已知地形者若鄧禹曰吾

知兵者動而不迷
知兵者舉而不窮

衆能戰者少前後俱無資積赤眉新挍長安充實鋒銳且休兵就糧以觀其變則知彼已矣周德威語晉王曰騎兵利於平原廣野壓賊壘門難展其足不若退鄗邑誘之離營別以輕騎絕糧破之必也則知地形不可以戰矣凡此類學者最宜詳玩○或曰吾卒可以擊與不可以擊敵不可擊與可擊俱在愛士而能教爲可不愛而不能教爲不可上說恐非衡與橫同鄗音郝

故知兵者動而不迷舉而不窮一本迷作困窮作頓非

迷誤也窮困也此承上文彼已地形不能全知者

固勝之半惟機智甚明之將則知之極其精而未動未舉之先勝負已定故不動則已動則無迷誤之失不舉則已舉則無窮困之患其勝必矣豈止半乎○或曰迷闇也又惑也或曰窮迫也或曰惟動既不迷故舉必不窮作根上直下說非以巳音

故曰知彼知己勝乃不殆知天知地勝乃可全

故曰古之兵書語也孫子特引以總結前文彼己人事之虛實強弱也天謂天時之順地謂地利之便三者皆能知之則戰必無危而可以保全勝矣然則地形固當知而彼己不尤要乎將兵者盡慎

之患。按此篇先後輕重。極其明悉。真可為萬世法。非泛然措舉者比。但言也。形而又及於治兵勝敗者何。蓋恐後人泥地形而不盡人事也。故於地形則曰兵之助。於料敵則曰上將之道。孫子之意深哉。○或曰。知彼之虛實。知己之強弱。此是分虛實強弱說。恐非。將泥並去聲

孫子卷五

浙江解元鍾呉何守法校音點註

門弟庠生三呉何守禮　標題

門生進士楊宇程時登

武舉紹巖王世盛

繼巖王世興

調宇陳廷和　同訂正

九地第十一

九地者。用兵之地勢有九也。上篇言地形。

乃地理自然之形。可以安營布陣者。以寛

狹險易言之此篇言九地因師之侵伐所
至而勢有九等之別以淺深輕重言之上
篇但舉其常此篇特指其變故篇內有云
九地之變屈伸之利此地形九地所以分
爲二也然雖有其地非將裁處之未必得
利故次於地形之下而爲第十一細玩之
通篇作十二節看自用兵之法至有死地
是先舉九地之名自諸侯自戰至爲死地
是釋九地名之義自是故散地至死地則
戰是著處九地之法自古之所謂善至不

戒也。是善將能亂人而已不亂奪愛惟在
於速。自凡為客至不可測。是言為客深入
之三策。自投之無所往至不得已也。是錯
陳極論兵在危地必同心相救。自將軍之
事至祭也。是言士之同心聽命其機又在
將之能顛倒。自凡為客至不活。是重舉處
九地之變法。自為客絕地至不活。又是以
九地之變。重申為客之道。故兵之情一節。
是重申兵士深入之情。是故不知至王之
兵也。是重舉軍爭篇文。見知之斯可深入。

不知者非霸王之兵。自夫霸至其國可隳
是又明霸王兵之甚強。自施無法至末則
皆是申將軍用衆之事。攻敵之妙。以終上
九地之變三句也。然其所處之法。雖有九
者不同。大要皆本於人情。將能深達人情。
馭之以術。發之以機。則人可用而地不困。
此孫子作書之旨也。但義意雖精。辭覺重
復。姑依本文解之。讀者融會而不拘泥焉
斯善學孫吳矣。雖然。靜幽正治。尤將之本
也。自非內有靜幽之智。外有正治之才。天

分邁常者安能顛倒百萬之衆如弄嬰兒於股掌之上變化莫測運用無方假至敗以為功保生全於萬死哉噫用兵如此篇誠可謂神妙之極矣○或曰九地者欲戰之地有九也或曰勝敵之地有九也或曰用兵之利害有九也易將泥分並去聲處上聲已音以夫音扶

重平聲

孫子曰用兵之法有散地有輕地有爭地有交地有衢地有重地有圮地有圍地有死地一本爭作險交作通非圮音丕上聲下同

地本無此九者之名亦未嘗爲人而有散死等也惟人因地之勢可以相助而制勝故立此九者之名與處之之法也此舉其目解見下文（爲去聲處上聲見音現）

諸侯自戰其地者爲散地

此以下釋九地名之義春秋之時列國紛爭互相侵伐不由天子命令故稱諸侯者槩言之也自戰其地者因敵來我境內而與之戰也未敵深入必專志勇鬬吾之士卒未出境則懷鄉土戀妻子全無死志惟欲奔走故名爲散地言其勢渙散難於

聯屬也昔鄖人將伐楚師鬬廉曰鄖人軍其郊必不誡恃近其城莫有鬬志果為楚所敗即犯此義○或曰地遠四平更無要害易於散走也覺為卒強不必從令易更並去聲夫音扶鄖音云強上聲

入人之地而不深者為輕地

雖入敵境尚未深遠則士卒之心易於思還故名為輕地言其勢近家而輕於退也古人師出越境必焚舟梁示民無返顧之心正合此義○或曰初涉敵境士未有鬬志其聲勢輕忽也非易去聲

我得亦利彼得亦利者為爭地一本我得亦利作我得則利非

山川險固彼我得之皆可以獲少擊衆弱擊強之利在所必取者故名爲爭地言其勢必先奪之斯可勝也如趙馬服以萬人先趨北山而大敗秦軍唐太宗以三千人先守成皐而坐困建德之類

我可以往彼可以來者爲交地

平原曠野一望通達彼我皆可以往來而難於阻碍者故名爲交地言其勢坦夷可以交錯而行也即十篇地形有通者之義如酈食其說漢高帝曰陳留天下之衝四通五達之郊也宜先下之之類

○或曰川廣地平可來可往足以交戰也或曰可

以交結若杜塞之則致隙也或曰地有數道交相往來也酈食其讀作歷異基[illegible]音秘

諸侯之地三屬先至而得天下之衆者爲衢地屬音祝下同註同

三與參同屬連也天下猶言諸侯也三屬謂已與敵國相當而旁有他國相連也先至者據其形勢可以締合諸侯而得天下之衆助之則隨往如意故名爲衢地言其勢四通如衢路也八篇衢地合交與此互發若鄭界於齊楚晉與樂毅并護趙楚韓魏燕之兵以伐齊之類○或曰諸侯分封三面連

屬先至結好而得三屬之援也或曰遇此三屬若道遠發後不能先者但先遣使重幣約好旁國則兵雖後至已得其衆助之矣或曰勢甚要衝控帶三屬如此之地能先至而據之則必得天下之衆從之也締音弟使音四已音以

入人之地深背城邑多者為重地

深入敵人之境所過地邑已多曰背者俱在後也如此則津要絕塞士無歸志故名為重地言其勢遼遠而難於返也如樂毅攻齊直入臨淄岑彭伐蜀徑至成都之類○或曰背去也背與倍同謂遠

去已之城邑也。重謂進未必勝。退不可還。兵至於此事勢重也。非。已音以

山林險阻沮澤。凡難行之道者。爲圮地。舊本山上有行字非今據理刪之

山林險阻沮澤六字。註見軍爭第七篇。圮地與下圍地則謀。死地則戰。俱已見九變八篇。言凡此六者之類。俱人馬難行之道路。顛躓陷沒。害不可言。故名爲圮地。言其勢毀壞而無依也。如李陵降於於山谷之下。張郃死於木門之道。項羽陷於大澤之中。皆不知此義而敗者。見音現已音以躓音至降音杭郃音台

所由入者隘。所從歸者迂。彼寡可以擊吾之衆者。爲圍地。

山川瀠繞。道路阻深。入則狹隘而不廣。歸則迂遠而不直。彼敵以寡少之兵。可設奇伏以擊吾之衆。使進退艱難。故名爲圍地。言其勢不能脫。如被圍困也。韓信慮用左車之計。而先覘井陘口。孔明不聽魏延之謀。而輕由子午谷。皆知此義者。少去聲 覘音占

疾戰則存。不疾戰則亡者。爲死地。

山川險塞。爲敵所據。糧道不通。進退不易。惟上下同心。幷氣一力。決於速戰。則可以生存。而稍緩則

必至於危亡是坐以待斃之處也故名爲死地言其勢莫出而必死絕也韓信陣軍背水而士殊死戰班超出使鄯善而泣入虎穴皆知疾戰之義者此巳上釋九地之名易使並去聲巳音以

是故散地則無戰

此以下著處九地之法兵在散地安土懷生則陳不堅而鬭不勝矣故不可速與敵戰惟當固守以待其弊也若敵或深入專志搏鬭亦須先集人積穀保城備險然後輕兵絕其糧道塞其要路庶彼挑戰不得轉輸不至野無所掠而軍皆困餒縱欲

野戰應之亦依險設伏無險則隱於陰晦出其不意懈怠之際而始可擊之此處散地之法當以無戰爲主也後又言一其志如楚將不聽或人之說而分兵爲三與黥布戰於徐僮閒陳餘不用左車之計而空壁出爭與韓信戰於泜水上是皆昧此無戰之義者愚謂孫子但因散地而論之耳果號令嚴明士卒愛服則使之戰死且不顧又何散之有處上聲後皆同陳與陣同將令並去聲泜音池

輕地則無止

兵在輕地未背險阻士皆思還而無堅志故宜速

進莫近名城莫由通道莫狃小勝莫貪細利惟選精銳之士設伏而行若有敵邀奇正擊之無則務於深入慎不可淹留停止以致士卒之逃亡此處輕地之法當如此後又言使之屬愚謂此亦但因輕地而論之不計其他也處上聲

爭地則無攻

爭地之法已見軍爭篇無攻者謂險固要害乃必爭之地我當先據若敵先得之則勝勢在彼切不可強攻但佯為引去設伏奇巧趨其所愛伺敵出救然後乘其無備而攻之或可耳故處爭地之法

必當以無攻爲主後又言趨其後如秦人見趙者先據壯山而爭之爭不得上遂致大敗正昧此義者或疑我先爭得而敵用此法則如之何亦曰選吾銳卒固守其所輕兵追之分伏險阻能如此者敵人縱有計還鬭不惟攻之難取且陷吾伏中矣噫兵法如珠走盤隨敵變化果有制勝之術何慮無全勝之功或曰無攻者謂險要之地即當速爭之無攻別城延緩而有失也以此爲訓後有吳王不聽桓將軍之計而疾據武庫敖倉乃徐攻梁地卒爲周亞夫所敗者不亦可慨夫已音以強上聲夫音扶

交地則無絶。

往來交通之地。難以阻塞。但當預設奇伏。示以不能。誘其半至襲而擊之耳。故處交地之法。必宜以無絶爲主。後又言謹其守。如李牧之守鴈門。急入收保。不輕與戰。後多爲奇陣。示以小利。卒至匈奴大至而破之之類。○或曰。道既錯通。恐其邀截。須車騎部伍。首尾聯屬。無使之斷絶。致敵乘隙也。或曰。交相往來。亦謂之通地。當居高陽以待。利吾之糧道。而無使敵得以絶之也。

衢地則合交。

四通之地。當先遣使以厚幣約和旁國。然後脩兵練卒。據便利而處。則我有外助。彼失其援。左右犄角。必然取勝。故處衢地之法。宜以合交爲先耳。後又言固其結。引証或意。俱與前同。愚謂講信脩睦相通之禮。交隣有道。孟氏訓之。未嘗及於遠。亦未有聽遠人之說者。孫子乃因衢地而發之。何也。蓋當時諸侯。貪土地者多。識時勢者少。明義理者絕無。每每於相連之國。不自結以固唇齒。而輒聽遠邦遊說之計。約共滅以分其地。卒致唇亡齒寒。而不悟。善交者如是乎。故衢地合交。乃春秋戰國之

套習又奚恠乎孫子言之耶使去聲犄音以說音稅

重地則掠

深入敵人之地進未有利退復不能轉輸稍緩軍何以資須掠取敵之糧畜以足之堅壁持久而伺隙取勝也故處重地之法以掠為主後又言繼其食昔賀若敦渡江取陳湘州陳將侯鎮討之江路遂斷糧援不接敦乃分兵抄掠以充資費歲餘亦不匱之殆知此掠之義者或曰則掠當作無掠蓋深入敵境不可非義取利以失人心也愚意因糧於敵智將之常此說太泥但非相敵之境則不

可耳。（將泥並去聲）

圮地則行。

毀壞之地。一無所利。惟當速過遠去。不可遲留。故處圮地之法。以行為主。後又言進其途。或曰若卒遇敵人何如。愚意便當據險守要。簡選精兵。或分而左。或分而右。掩其空虛。乘其不備。乃可勝之。亦不得已而應也。（卒與猝同已音以）

圍地則謀。

此與下死地句。雖解見九變第八篇。因變與地義微不同。故復詳註之。夫前隘後迂之地。偶陷其中。

則進退不利難以力勝必須發吾之奇謀佯爲窘弱示無所往庶敵輕於爲備我得伺其疲懈而勵三軍齊心奮勇速潰以出也故處圍地之法惟在於謀後又言塞其闕如漢高被匈奴圍於白登用陳平美人計而解田單受燕人圍於即墨行約降遺金計而勝均非謀何以能之但謀亦非一端可晝如風雨晦冥之夜烟迷雪暗之辰或斷絕烟火或息皷卷旗或卑詞請降或結障遺賂凡尋隙求間皆是也學者宜推廣悟之見音現夫音扶降音杭卷與捲同間去聲

死地則戰

善用兵者合於利而動

死中求生非戰不可故須號令三軍示不得已或殺牛饗士或破釜沉舟或割髮捐冠或填夷井竈并氣積力以殊死戰庶幾可生故處死地之法惟在於戰後又言示之以不活如班超因鄯善禮衰知匈奴使至將爲豺狼肉也遂激發同行三十六人乘夜縱火而戰以定西域之類此以上著處九地之法令使並去聲已音以

古之所謂善用兵者能使敵人前後不相及衆寡不相恃貴賤不相救上下不相收卒離而不集兵合而不齊合於利而動不合於利而止舊本所謂二字左古之上上新本又失

去今依京本
校正添入

此承上處九地各有其法則善用兵矣故敵難於應援分合而已之動止自由也古之所謂指昔人之詞前後者前軍後軍也衆寡者大陣小陣也貴而上者將佐也賤而下者即卒與兵也言善用兵者出其不意襲其無備或驚前掩後或聲東擊西或立僞形或張奇勢故能衝敵之中而使前後不及顧分敵之威而使衆寡不相恃其軍陣之紊亂可知也分有貴賤而使之不得救扶位有上下而使之不得收斂其將士之倉皇可知也卒已離散

而使不能復集兵雖會合而使不能齊一其紀律之舛錯可知也且合於我之所利則動而應之不合於我之所利則止而勿從此非節制素定而善兵者莫以能之故又不特因地制勝已也昔韓信列陣背水能令趙人空壁來逐而赤幟襲入是前後衆寡不相及恃也斬成安擒趙歇是貴賤上下不相救收也大戰良久而還驚見赤幟而遁是不集不齊也然韓信實合於井陘不守之利方動兵下趙若成安聽左車絕糧之計則不合於輕鬭之利必且止而不進矣晉之謝玄亦然淝水之戰先

先奪其所愛

斬梁成於洛澗是前後衆寡不相及恃也走苻堅於五將山是貴賤上下不相救收也退不可止晝夜驚奔是不集不齊也然謝玄實合於以正拒逆以戒待驕之利故敢八千接戰若苻堅聽苻融阻水之計則不合於得渡之利必且止而更圖矣噫韓謝二將軍之善用兵如此夫或曰利指地利詳之將分更並去聲已音以令平聲懺音翅陘音形夫音扶

敢問敵衆整而將來待之若何曰先奪其所愛則聽矣。

此孫子設爲問答之詞以見其難處誠爲兵家之

秘要也所愛謂凡所顧愛如地利糧食巢穴之類承上而言敵若不墮吾計兵既衆多而強又且齊整有制將欲來攻何以待之吾知此爲勍敵未易使之聽命也惟先奪其所顧愛之事則敵必分兵救援雖云衆整亦難以恃而進退勝負皆須聽命於我矣下文即奪所愛之事如趙奢先據北山曹操潛燒烏巢司馬懿直指襄平皆是故秦人袁紹公孫文懿之兵非不衆整悉爲所敗也○或曰愛專指地利能先奪便利之地而據之則敵之進退皆受制於我也詳之

兵情主速

兵之情主速乘人之不及由不虞之道攻其所不戒也舊本速下又有一速字

此孫子應難以覆陳兵情也承上言欲先奪所愛不可遲緩處之蓋用兵之情理主於神速於人之倉皇不及而乘之則彼莫能禦於不虞處所至之道而由之則彼莫能阻於所不戒謹防備而攻之則彼莫能拒故驚擾散亂如上節前後不相及六句所愛爲我奪也若失之緩焉何以奪之而亦未必聽於我矣司馬懿之破孟達八日而抵上庸是乘其不及也鄧艾之襲成都走陰平無人之地七

百里是由不虞道也李靖之降蕭銑因銑恃秋潦江漲不設備是攻其不戒也凡此三者皆知主速之義者他如王彥章三日而破南城狄青燈夜而奪崑崙亦非速而何此不能枚舉惟善學者悟之

○愚謂兵情固主速矣使敵將多謀行伍輯睦令行禁止器利糧充則強實無對又安能速而犯之故遇此等之敵惟當斂迹藏聲蓄盈待竭避其鋒銳與之持久斯可自保安得泥於主速必如廉頗堅壁以拒白起王翦閉營而避蘇茂也然愚又有說焉夫觀廉頗王翦則兵情亦宜安緩矣而孫子

必以速爲訓者何也蓋人情倉卒則膽易驚逼迫則心易亂故童子疾呼勇士爲之怵然而回顧夜卧之人聞失火懵然不知門之所從出一虎入市萬衆改顔一蛇入室舉家顫手乃幾之所在也故遇敵強則當緩圖而敵若無能務在於審機而速也抑又有說焉我之攻敵雖在於速而猶當先幾以防敵之速攻我愚將惟不辨於此昂然輕出反爲敵所襲非止已之空虛不能支即還救之又疲勞而不及城墮於前兵僨於後爲天下後世笑者正由其心粗氣溢徒知攻敵之當速而不能防敵

之速攻我耳然則孫子主速之言宜直爲進攻者之法而應敵者更宜吃緊也愚故不憚其煩而反覆論之高明察焉○或曰兵當速以乘人由不虞攻不戒正是乘人之不及也此是以末二句作申乘人句說或曰兵惟速則能乘不及可由不虞之道以攻其不戒之處也此是以兵情句作頭下三句作效而又以由不虞二句作一氣也俱不必從

難將令泥易並去聲度音鐸降行並音杭夫音扶卒與猝同林音尺情音猛顫音戰

凡爲客之道深入則專主人不克一本克作作剋非

此與後二節皆言爲客深入之策見又不必於速

運兵計謀爲不可測

不克勝也。入人之地者爲客，自戰其地者爲主。爲客者既深入敵境，則在重地，而衆心專一；若主人之兵，猶在於散地，故不能勝也。如廣武君謂韓信去國遠鬬，其鋒不可當之類。此是以大槩言之，亦有不必然者。

掠於饒野，三軍足食；謹養而勿勞，併氣積力；運兵計謀，爲不可測。饒音蕘，如招切。

此言深入重地，未有必勝之利，則須爲此三事。蓋重地所慮者，糧餉不繼也，當掠於豐腴之野，以足三軍之食。重地所畏者，敵擾吾衆也，當堅壁而守以撫循飲食之勿使勞倦令得併合銳氣而積聚餘力重地所懼者幾事不察也當於食與力既足之後運用行兵之計謀為敵人不可測度之形此三者乃處重地之法也掠於饒野二句如孔明伐魏先割上邽麥之類謹養勿勞二句如王翦代荊休士飲食而投石超距之類運兵計謀二句如趙奢禦秦善食遣間而疾趨北山之類愚按掠於饒野句重前重地則掠意令平聲邽音圭間去聲重前重字平聲

投之無所往死且不北死焉不得士人盡力

投置也夫重地已危而復置於左右前後無所之

之處則人知莫避雖守戰至死亦且不奔北矣既不畏死焉有不得勝者乎故士人之在患難者咸竭力以赴鬬也一說死焉死字作衍文謂至死而不本奔焉不得士人之盡力乎亦通但前講作二句讀後說作一句覺理勝詳之或曰死焉不得謂既捨死焉不得志也又曰焉不得生也又曰敵之死命安不得制也又一說以士人盡力連下兵士甚陷則不懼講謂士人既盡力而復陷於危地又何懼也俱不通夫音扶難去聲

兵士甚陷則不懼無所往則固入深則拘不得已則

鬭○已音以註同

上言爲客深入之道○此言兵士深入之情○夫見險在前○乃生恐懼○若甚陷於中○則人有必戰之心○而無容懼矣○故不懼○生有可求○乃懷遁計○若走無所往○則人奮必死之志○而守益堅矣○故則固○離散起於易返○若入敵既深○則退還亦難○故其心自拘於一而不散○怯懦由於可緩○若勢不得已○則危在目前○故不敢不竭其力而赴鬭○常情如此○爲客者所以雖深入而無傷也○愚謂四句總是兵在危地○班超出使西域○知所居危難○乃激發三十六人○死生

從司馬乘夜以破虜似之夫音扶易去聲難去聲

是故其兵不脩而戒不求而得不約而親不令而信

一本故上無是字非令去聲下令發之令同註同

承上言兵既在危地故不待脩整而自然戒慎不待求索而自然得情不待約束而自然親密不待號令而自然信從總是其機必自戰即上則專意使非所遇之危安能同心如此或曰求猶責也言不待責罰而自得其心也或曰不求其意自得其力也或曰不求勝而自得勝也未知孰是姑俱存之

禁祥去疑至死無所之

承上言兵既知危而同心以戰所忌者惟祥疑二者故又舉以足其意夫妖祥之言狐疑之事其惑亂人心莫甚於此是以聞鶴唳驚爲王師見草木皆爲人形果能禁之去之則士皆心一見定雖至死而無他慮也司馬法曰滅厲祥黃石公曰禁巫祝不得爲吏士卜問軍之吉凶恐亂軍士之心李衛公曰用衆在乎心一心一在乎禁祥去疑皆與此合如渭橋之役熒惑守歲久乃退府中皆賀速用兵者勝李晟曰人臣當力死勤難安知天道耶

是禁祥也。故能激發士卒以清賊黨。牧野之役。遇大雷雨。群公盡懼散。宜生欲卜吉而行。太公乃毀龜拆蓍。是去疑也。故能士如熊羆。以摧商室。然亦有不盡然者。倘衆無戰心。則亦須假巫祝恠異以使之。如田單守即墨。命一卒為神師。出入約束必稱神。遂破燕是也。夫音扶爲吏爲字去聲

吾士無餘財。非惡貨也。無餘命。非惡壽也。惡去聲註同

此與下節總是不得已則鬬無餘者。盡棄之謂也。非惡。正見不得已也。財與命。人之所愛。今吾士於財則焚擲而無顧戀之心者。非惡貨之多也。於命

則劌捨而無貪生之念者非惡壽之長也蓋人惟因將之示而知無生路故不得已而棄之死鬬也

○或曰當在將上說吾能使士之財命或燒去之○或委致之無餘者非惡貨與壽恐其戀財恤命而不死戰故也已音以將去聲

令發之日士卒坐者涕沾襟偃卧者涕交頤授之無所往諸劌之勇也涕音替沾舊本作霑諸劌之上一本有者字一本有則字一本者則二字俱有今依京本不用劌音貴居衛切快之句重出

令期於必死之令也頤頷也諸鱄諸公子光使刺吳王僚者劌曹劌以勇力事魯莊公戰於長勺侯

齊人三鼓氣衰而敗之者。或曰。劌乃智士。非勇士。當作沫。曹沫嘗從莊公赴葵丘之盟執匕首以刼齊桓公而歸汶陽之田者。殊不知此乃其弟曹劌非劌也。劌字子洙。故洙為沫之誤耳。諸劌二人乃春秋之勇士。孫子言為將者未戰之日。先令曰。今之死生。在此一舉。疾戰庶可以生。不然。必身膏草野而為禽獸所食。是以士卒聞之。皆有必死之心。故坐者。涕直落而霑衣襟。偃卧者。涕横流而交頤頷。且投之無所往之險也。故人致其勇。有如鱄諸曹劌之徒也。或曰。凡行軍饗士。使之乘酒舞劍。伐

善用兵者如率然

鼓喧呼。皆所以增其氣也。而今先涕泣無乃挫其心乎。愚則以先決其死力後激其銳氣故無不勝。若無必死之心。其氣雖盛何由克之此必先示之以死焉斯可耳。如荆軻别易水士皆垂淚涕泣及復爲羽聲忼慷。則皆瞋目髮上指冠是也 鱄音專領音葛沬音眛洙音殊將易並去聲忼音慷口黨切

故善用兵者譬如率然。率然者。常山之蛇也。擊其首則尾至。擊其尾則首至。擊其中則首尾俱至 率音蟀胡律切

註同

此與下節又入深一步。言士卒知死勇戰。必彼此

吳越同舟

同心也。卒猶速也。率然。急遽之貌。舉擊蛇之首尾中。所以狀應援之速也。言能用兵者。其陣勢前後左右。互為奇正相護。正猶此耳。然則孔明於魚腹平沙之上。壘石為文。縱橫皆八。名為八陣圖。其說曰。以後為前。以前為後。四頭八尾。觸處為首。敵衝其中。首尾俱救。寧非遺意乎。是以晉桓溫見之曰。常山蛇勢也。

敢問可使如率然乎。曰可。夫吳人與越人相惡也。當其同舟。濟而遇風。其相救也。如左右手。夫音扶同舟濟而一本作而濟又一本無濟字皆非此承上率然設爲問答之詞問者謂三軍之衆人各一心雖有所親未必能率然相救如何然後可得也答曰可者正以其同在死地勢使之然也惡憎怨也吳越相惡者謂吳王夫差因父闔閭被越敗於檇李而死乃命守宮者隨其出入呼名以圖報復果棲越於會稽令其受臣妾之辱悉責貢之奉方赦之歸國後二十年越生聚教訓民皆可用卒以滅吳可見世爲仇敵以相惡者莫如二國之人也然當其同舟濟水而遇風之險則相救如左右手何也蓋由同處患難惟恐傾覆故皆相救以

全其命。而不暇討平日之事也。况非仇讐之人。同
陷死地。豈不猶率然之相應哉。故曰可也。此乃設
喻以狀兵在危急。必極力相援。非真吳越同舟也
學者當悟而得之。附吳越世家。吳姬姓。子爵。自周
太王長子泰伯。與其弟仲雍。避少弟季歷。去之荆
蠻。號曰勾吳。端委以治周禮。荆蠻義之。歸者千餘
家。泰伯卒。仲雍嗣立。斷髮文身以為飾。遂不通中
國。傳至闔閭之子夫差。以強吳霸中國。為越勾踐
所滅。越。姒姓。子爵。其先禹之苗裔。少康之庶子也
封於會稽。以奉禹祀。後二十年至允常。魯昭公五

齊勇若一政之道剛柔皆得地之理

年。偕楚伐吳。始見於春秋。允常卒。子勾踐嗣立。是爲越王。威烈王時。無彊伐齊。齊說之伐楚。楚敗盡取吳故地。東至浙江。越以此散。諸公子爭立。或爲君。或爲王。濱於海上。朝服於楚。其國遂滅。差音釵閭音驢十七史內廬義同檇音醉會音貴令平聲處長並上聲難去聲見音現說音稅

是故方馬埋輪。未足恃也。齊勇若一。政之道也。剛柔皆得。地之理也。二本未作不字非

方。縛也。埋。示不動也。剛柔。猶強弱也。此承上言。雖置兵於死地。縛馬埋輪。其固不足恃。惟用權智。變通。使大衆齊力。奮勇如一人。而後軍政得其道也。

兵之剛強者可用而柔弱者無不能無分強弱皆得其用實由於地勢致之也若非陷之死地安能齊勇以戰而皆為我用哉韓信驅烏合之衆背水陣而破趙深知此義矣○或曰方桴也編竹木過水大為筏小為桴詩曰方之舟之是也方馬者謂縛馬如方也又曰方馬埋輪是馬多牧遍而盈方車多執深而埋輪總見兵之多也又曰方乃放字之誤言放去其馬埋輪於地輮不得馬而駕車不得輪而馳則三軍散亂不足恃為不散之術也或曰齊勇若一謂齊用其勇若一心也又曰齊其力

擕手若使一人

勇其氣也。或曰。剛柔皆得。言立地之道曰柔與剛。皆得者。處山處水。無所失也。諸說紛紜。俱存之。俟詳。處上聲

故善用兵者。擕手若使一人。不得已也。擕音移。舊本作攜。攜擕皆同。已音以。下同。註同。

此結上文之意。九地之閒。莫難於死地。故自投之無所往至此。其說反覆如是之多。然有誤至之者。有特至之者。能善用之。皆可勝敵。而轉危為安也。擕。揮也。提挈也。擕手。翻迭之貌。便於回運。以前為後。以後為前。以左為右。以右為左也。若使一人者。

靜以幽正以
治

齊一貌喻易也言三軍雖衆一舉手間莫不應命
如使一人者蓋置之不得已之死地故不能不同
心而自然從我所揮指也兢謂死地非生全之所
哉然非善用兵者則不能也

將軍之事靜以幽正以治

上文言人情必戰於死地死地能使人自戰矣然
所以置之死地者其機則在於將軍有顛倒駕馭
之術若士卒得以知之安肯就死耶故此又以將
軍之事言之靜者鎮重凝定而不躁擾幽者沉潛
深默而難測度此謀畧之詭秘也正者嚴厲直方

愚士卒之耳
目

而人不敢犯。治者。周悉縝密而行無遺漏。此紀律之分明也。凡處事備此四者。斯可為善於統兵之大將。下文至將軍之事也。皆發明此義。○或曰。靜。謂榮名利祿不足以動其心。正。謂整齊嚴肅。又足以檢其身。夫心靜則幽深而莫測。身正則整治而難犯。內外兼脩如此。所以能馭衆而制敵也。此分兩端相連說。又曰。清靜則簡易。幽深則難測。平正則無偏。故能致三軍之治。此作三者全能治說。詳之

度音鐸處上聲　夫音扶易去聲

能愚士卒之耳目。使之無知。易其事。革其謀。使人無

識。易其居。迂其途。使人不得慮。易音亦註同

此承上言將軍惟靜幽正治。故能使人聽命也。愚誤也。謂蒙蔽之也。愚其耳目。則他無所知。如聾如瞽也。易。變易也。革。改革也。迂。遠也。夫人有知識則生疑惑。有思慮則生恐懼。安肯就死地以戰。且兵家之勝。不可先傳者。故將之於士卒也。能駕虛空不實之言以愚其耳。張狙詐不實之形以愚其目。使之無所見聞。惟聽命而已。即可使由之不可使知之之意。事已成而忽易之不行。謀已定而忽革之不用。使人無識我造意之端。惟順承而已。居已

安而忽易之他徙途且近而乃迂之遠行使人不
得慮吾之所爲必待勝而後知也若此者無非所
以顛倒士卒之心而欲其可用蓋以見兵爲詭道
也蓋詭者非止詭其敵抑將先詭我之士卒故耳
愚士卒耳目如齊田單守即墨拒燕軍因士心怯
假以一卒爲師而每出約束必稱神師晉李矩守
滎陽拒劉暢因士心懼爲禱於子產廟而巫言東
里有教當遣神兵相助之類易事葉謀如耿弇發
令治攻具約五日攻西安至期夜半乃勒軍取臨
淄李愬初東行六十里攻張柴既而益治鞍鎧弓

刃。吏請所向。乃徑入蔡州取吳元濟之類。易居迂途。如裴行儉行軍抵暮。令下營訖。而忽使移就崇岡。鄧艾不攻劍閣。走陰平無人之地。而直衝成都之類。○或曰易事革謀。謂前所行之事。舊所發之謀。皆當易革之。不可再用。蓋戰勝不復。兵之玄機而將之術。又以不窮為奇也。或曰。易居迂途。謂敵居要害。能使自移。途近於我。能使迂之也。又曰。易當作去聲。謂平易而居者。將致敵以求戰也。迂其所趨之途者。佯示遠而欲容襲也。俱非。夫音扶巳音以將令並去聲

登高去梯
去梯發機

帥與之期如登高而去其梯帥與之深入諸侯之地而發其機帥音晒去聲音率非舊本無期如二字又一本如字作若字俱非

帥主將也期與士卒約會於敵所也機弩芽也承上言既不使之知識與慮則已在危地是主將與之相約戰所初不言危既至乃以必死示之使自戰有如誑其登高處而從下陰去其梯此喻可進不可退也主將入敵地初則藏其機而不露及深入乃發之使自戰有如弩芽之動箭去不復迴此喻可往而不可返也王鎮惡取洛陽自河入渭食畢棄船登岸船因水急逐流而去鎮惡撫慰士卒

曰去家萬里而舫乘衣糧已無豈能復生惟死戰可以立功是得去梯發機之義者或曰發機發其心機也又曰發動機權隨事應變也又曰發其危機使人盡命也將去聲

若驅羣羊驅而往驅而來莫知所之聚三軍之衆投之於險此將軍之事也若驅上舊本有焚舟破釜四字此字下有謂字俱非羣一本作群同

險患難之地也此又承上言三軍之衆不能測吾之謀又無返顧之心則進退惟將所命其驅使之也誠若牧之驅群羊或往或來不知所向故聚集

三軍之衆投之於危難之地使專一致死而取勝
者此將軍之能事也豈他人可與哉此乃直結上
文率然之義韓信陣於背水士殊死戰卒破趙會
食而諸將猶不知李愬雪夜入蔡不取吳房不憂
郎山卒擒元濟而諸將尚不曉皆是也愚意兵識
將意將識士情自古善之今乃欲往來莫知何也
蓋軍事貴密宜人情又難與慮始苟無顛倒之術
使得先事而知其危必驚憂疑畏猶豫之間將生
他變或私相告語而有漏泄之虞或恐怖太甚而
有叛降之患此皆勢之必至故當深慮而防之使

莫知也。噫。孫子談兵。何精微之極致歟。難將並去聲。降音杭。

九地之變。屈伸之利。人情之理。不可不察也。舊本無也字。非。

此指上文而通結其意。前已言處九地之常法。今又言變者。因下重舉九地。將以爲發端張本也。蓋地勢有九。其變不同。故曰變。或屈或伸。各有便利。故曰利。所謂合於利而動。不合於利而止也。人之常情。莫不樂生而惡死。惟置之死地而後生。故曰理。即上甚陷則不懼等句。乃理之必然也。是三者皆用衆之機。將軍之所有事。不可不致其察也。察則我制其權。人皆由之不知。而可使之率然矣。愚意此篇之義至此似畢然其玄機妙訣中間猶有未發者故下復重申之孫子惓惓示後之意深矣○或曰九地之法不可拘泥須識變通可屈則屈可伸則伸審所利而已此乃人情之常理故當察之也又曰能因九地之變化則有可屈可伸之利得人情必從之理故地之變不可不察也已音以處上聲重平聲樂音洛惡泥並去聲

凡爲客之道深則專淺則散去國越境而師者絕地也

此下重以九地之變申言爲客之道先舉兵者爲

客入敵之地深則士心專一淺則易於退散故去
已之國越人之境而用師者兵不可返糧不可繼
乃孤危絕望之地也故云絕然篇首原無絕地之
名而不列於九地者何也蓋以九地之法皆有變
而絕地無變之故今又特舉之者亦因諸侯自戰
其地爲散地之句而反之也且春秋之時間有之也
去國越境如秦人過周而襲鄭晉人假道而伐虢
之類或曰絕地乃進不及輕退不及散在二地
之間者或曰去吳國越吾境初入敵地凡所過關
梁津要使踵軍夷塞者所以禁人內顧而止其還

遁也。故云絕。易、去聲。虢音國，又作號，虢號義同。

四通者，衢地也。入深者，重地也。入淺者，輕地也。背固前隘者，圍地也。無所往者，死地也。四通舊本作四達

解見上文。此專言爲客之道。故於九地中，摘出衢重輕圍死五者明之。杜牧張預謂九地而止言五事。是舉其大畧者，非也。見音現

是故散地吾將一其志。

此至不活，乃重舉處九地之法。通論主客之道。其意大約與前同。言處散地，吾將貯穀集人，據險設奇。今上下和同，而一其志，以堅守伺敵不意方攻

之也故前云無戰如王霸不救馬武恐相恃而兩軍不一蓋從周出擊燕兵必閉門而後方與戰是皆知一志之義者○或曰一志非止於守或兵出即閉其城門以示不納或所過橋梁棧道所用舟檝燒之以示不渡或下營布陣背水而居以示不退皆是也此似絕其內顧決戰矣恐非重令並去聲處上聲註皆同

輕地吾將使之屬

屬連續也言處輕地吾將使吏士行則隊伍相連止則營壘相接所以備敵之不虞防士之逃遁也

故前云無止大率去國未遠人心浮動寇之則固踈之則懼譬如衆人結伴同行而防虎則膽自壯此亦理之必然

爭地吾將趨其後（趨新本作趍趨義同）

趨速進也言處必爭之地利若敵人未至我雖在後當疾行以爭得之敵已先得則不可爭也故前云無攻或曰爭地貴速前驅至而後不及則未可爭故當疾進其後使首尾俱齊也或曰凡爭地利先遣精銳疾據之彼若恃衆來爭則我以大兵趨其後也或曰敵向前爭利其後必虛我趨其後

使不得不捨前救後則所爭之地可有也。已音以

交地吾將謹其守。

處於交地惟當據險守固以備敵之掩襲伺其來而設伏擊之不可阻絕也故前云無絕。

衢地吾將固其結。

處於衢地吾當卑詞厚幣重其盟誓以先結好諸侯使堅固不渝為我之助故前云合交。

重地吾將繼其食。繼一作掠

處重地則道遠而轉輸不通當掠助於敵以繼其食使不乏也故前云則掠。

圮地吾將進其途。途一本作塗

圮地由失道而至。不惟無依。或遇雨潦霧瘴其害爲甚。但當引兵疾過。不可舍止也。故前云則行。

圍地吾將塞其闕。塞音色註同

若在圍地敵開生路。誘散我卒。則當自塞之以一衆心。使其力戰也。故前云則謀。昔齊神武被爾朱兆四將圍於南陵山。馬止二千。步軍不滿三萬因兆等設圍不合。乃繫牛驢自塞。士卒遂四面奮擊而大破之。正合此義。

死地吾將示之以不活。

處於死地當慷慨以厲其志忠義以感其心如焚財棄糧塞井夷竈之類示士卒以必死使其自奮求生也故前云則戰項羽渡河救趙而沉船破釜以示士必死王鎮惡泝渭攻秦而縱艦隨流以示士難返皆知此義者此上是重言九地之變法

故兵之情圍則禦不得已則鬬過則從

此再申士卒深入之情禦猶當也拒也相持也過甚陷危地也從無不聽命也言兵之情狀在於圍中則人人有當敵求生之心勢不得已則人人有勇鬬脫死之志深陷於危難之所則人人皆悉心

以從吾之命。如梁將陳慶之與後魏相持。待其圍合。而啣枚夜出。隘其四壘。是圍則禦也。晉苻顏卿因契丹大至。斷糧無水。人馬饑渴。遂奮勇橫擊而大敗之。是不得已則鬪也。項羽之救鉅鹿。悉兵渡河。沉船破釜。持三日糧。示士卒。而九戰破王離。是過則從也。或曰。過。誤也。謂誤過危地也。又曰。過。惑也。言迷惑之不知也。又曰。過。往也。已往所謀之事。能取勝也。又曰。敵兵過我。則自後從之。如從奔無息是也。難去聲

是故不知諸侯之謀者。不能豫交。不知山林險阻沮

澤之形者不能行軍不用鄉導者不能得地利

三者軍之要也已解軍爭篇而此又重言之者蓋以軍爭非三者則不得利深入諸侯之地非三者亦不明敵之情偽地之利害故再陳者欲人與當知之也或曰此六句與上文既不相蒙與下文又有相戾畢竟重出之誤已音以重平聲

四五者一不知非霸王之兵也

此蓋結語四五爲九乃指九地也霸長也爲天下諸侯之長也王姓也爲天下人之歸往也重霸字不必作以德行仁之王講觀下拔城隳國自見言

九地之利皆知之方能全勝有一不知則不足以雄長於諸侯爲一統之主而稱霸王之勝兵也然則欲得志於天下者焉可不加意於九地之變哉

○或曰四五者上四五事也或曰霸王謂霸天下之君也霸王者把持之稱也（長上聲）

夫霸王之兵伐大國則其衆不得聚威加於敵則其交不得合（夫音扶註同）

此承上霸王而明之加壓也夫謂之霸王之兵者乃全知九地之利而勢力拯威靈素爲天下之懾服者故小國不必伐而所伐者必兵甲稱勝之大國

既受我伐則其餘寡弱之衆自畏縮而不敢相聚以救援不若者不必威而所加者必敢於抗命之對敵威既加之則平日交好之國自睽離而不敢相合以同謀所以名爲霸王也衆不得聚如楚伐庸而群蠻皆散周伐商而前徒倒戈之類交不得合如鄭人畏晉威而叛楚大邦畏其力而歸周之類或曰雖有霸王之勢伐大國則我衆一時不得聚要在結交外援若不如此但以威加於敵逞己之强則交不得合必敗之道也或曰恃富强之資而亟伐大國則己之民衆每奔走於外而不得

聚於家也兵甲之威倍勝於敵國則隣之諸侯皆將懼而不得與我交合也詳之亟與急同

是故不爭天下之交不養天下之權信已之私威加於敵故其城可拔其國可隳不養一作不事非信與伸同古字通用隳音灰

註同

承上言霸王之用兵使人衆不得聚交不得合如此故不爭結天下之交援而人自納交於我不蓄養天下之權謀而權皆自我而出伸一已之私欲而心志快足莫之予違加雄威於敵國而雷動風行莫之敢抗是以攻其城而城可拔取破其國而

國可隳壞。霸王無敵之師有如是也齊桓晉文相繼稱雄於天下。事皆類此。愚按遠交近攻純尚權力。春秋之故智。何孫子於此篇。獨以不爭不養爲言也。蓋此乃專論深入死戰之事。其陰謀詭道皆與常法不同故耳。觀下所云無法無政自見。吁。用兵至此橫行天下可也。孫子其猶神乎。○或曰。不爭先交援則勢孤而助寡。不預畜權力。則人離而國弱。惟逞一己之私忿。暴兵威於敵國。則終致城之拔而國之隳也。此主自已不能說。如吳王夫差。破越於會稽。敗齊於艾陵。搆怨於楚晉。爭長於潢

池。勾踐伐之。乞師齊楚不應。民疲兵鈍。爲越所滅
是也。或曰。不能自立。而納交依附於人。則彼得持
其權。猶我養之也。惟霸王之兵。不恃天下之交以
爲援。不倚他人之勢以爲安。但以一己之私謀劫
制諸侯。而擅征伐之威於天下。故戰勝敗取無不
拔之城。不隳之國也。此主不交結隣國。圖存說如
六國爭割地以賂秦。反爲秦制。而卒以自亡者。昧
此故耳。或曰。不爭。絶也。不養。奪也。謂絶其交。使無
援。奪其權。使歸已也。未知孰是。俱姑存之俟考。差音
釵會音貴長上聲潢音黃

施無法之賞
懸無政之令

施無法之賞懸無政之令

自此至末皆申將軍用衆之事以廣其術而此則根上拔城隳國言能使人不測故無敵也賞與令皆有常法常政所以教戒於平時者今無法無政是出於常之外有不可以豫定者必至臨敵危急之際方制爲詭詐反常之賞與令使人莫知所以而無暇擬議畏避皆悉心從命故能拔城隳國也愚謂將無賞格士不知勸故貴立之於先令不刊布人何以遵故當定之於素今無法無政者非任巳意以亂行蓋因常法之賞不足以愚衆常政之

令不足以惑人故賞有時而不拘令有時而不執乃應變之權也彼進有重賞有功必賞此賞法之常也吳子當敵壯者有賞漢高募將未戰而賞非無法之賞乎先庚後甲三令五申此政令之常也韓信取趙破後會食李愬襲蔡中途乃言非無政之令乎司馬法曰瞻功行賞見敵作誓此之謂也若泥於常則難以感發而致其前徃矣其術見下文或曰無法之賞格外之重購也無政之令意外之重令也（將泥並去聲）

犯三軍之衆若使一人

此至為勝敗乃再申前携手至將軍之事也意實
則根上賞與令來犯干也用也猶勒令之也夫賞
令既出於常則人皆感激思報故用三軍之衆如
使一人之寡也昔蘇老泉謂一隷一妾雖賤丈夫
能御之而無待於教及御三軍之衆闔營自固且
有亂者是惑於衆也善將若視之猶一隷一妾其
心常恢恢然有餘則易易矣此韓信所以多多益
辨也豈有他術哉愚因是知一人此心也此氣也
至於百萬千萬亦然惟得其機而御之何憚於衆
苟無其機徒恃輕蔑之心吾見三軍未易犯也故

自古老將能之者有知之者無縱能知之言之者亦絕無蓋顛倒駕馭其訣隱微父不能傳之子心安得諭之口神而明之存乎其人焉耳令將易並去聲勒令

令字平聲夫音扶餞音臧

犯之以事勿告以言犯之以利勿告以害

此承上明能用衆知寡之故事戰鬭之事也言謀始之言也害利中之害也言將之於士卒但當用之以戰不當告之以謀但可令知其利不可并告以害蓋人情知謀則疑知害則懼而轉環撥珠之機不能行矣豈善馭衆者哉裴行儉不告吏士以

徙營之由。王霸詭衆以氷堅可渡之語。殆深知此義矣。然班超之在西域。又明告三十六人以害。而與之合謀取勝。抑又何也。此蓋激之之法也。故黃石公曰。變動無常。嚮去聲令平聲

投之亾地。然後存。陷之死地。然後生。夫衆陷於害。然後能爲勝敗。夫音扶

亾地死地。常法所當遠也。今投之陷之。則反常矣。而乃得生存者。何也。蓋地雖曰亾。力戰不亾。地雖曰死。死戰不死。故亾者存之基。死者生之本也。但閒時用之。人不可曉耳。且制勝敗敵。人之所欲。而

兵在順詳敵意

巧能成事

不能者未在危難耳惟衆陷於死亡之害然後能專心決鬬而爲已之勝以敗乎敵也此已上皆無法無政之賞令所致投之亡地二句如韓信背水陣士殊死戰反能破趙而生全是也衆陷於害二句如項羽焚舟破甑而士無不一當百卒大敗秦軍韋孝寬既渡焚橋而士無返顧之念卒大敗尉遲惇是也間難並去聲已上已字上聲

故爲兵之事在順詳敵之意并敵一向千里殺將是謂巧能成事一本兵之事下有也字一本在下有於字一本是字作此字巧能作巧攻成事下有者也一字又一本有也字皆非將去聲註同

此承上言士卒固當反常而用敵情尤當順詳而知知而破之斯爲巧也爲兵之事統兵對敵之事與成事應順不拂逆也詳審察之也二字乃兵家之要在者惟此爲先務也言我之臨敵未見其隙則在藏形閉迹凡敵之所爲皆因其勢而察其意之何如彼欲進也即誘之使進欲退也即縱之使退彊以凌我也即示怯驕之暴以侮我也即示懼引之如此則敵必不虞安意肆志而有可攻之隙矣遂幷力於敵專一心向故雖千里之遠亦可致將之來而殺之太始也順其意終也殺其將是謂

巧於用智而成戰勝之兵事也孫臏因三晉悍勇而輕齊乃減竈示怯以順其志卒誘至馬陵伏萬弩而殺之曹操因馬超韓遂割地請和乃僞許之示弱不出以順其意卒使不備畜士力擊走之正合於此愚意兵法多言撓之亂之乖其所之此則言順者何乃利誘卑弱之餘術也學者最宜潛玩○或曰詳乃佯字之誤順詳當作詳順謂於敵之意而逆遏之彼將轉生他計更不可測愈難爲力今惟佯爲不知以順之必無警戒并力進敵而專一向我反得以誘之故將雖在遠亦可以殺矣

是能順敵謀我之意而謀之眞可謂巧於兵事也或曰并敵一向謂并力誘敵使一向趨之不顧其他也更去聲

是故政舉之日夷關折符無通其使厲於廊廟之上以誅其事敵人開闔必亟入之折音摺又音舌使去聲廊廟一本作廟堂以誅作以謀亟與急同

此承上雖可巧以成事猶當密其謀而速乘之也夷塞也又平也藏也關險隘津梁也折毀也斷也符信節也厲嚴密也廊廟者君臣議政之所也誅治也又責成也開闔猶言動靜乃敵之隙也亟速

也夫兵貴神密先泄者敗故順詳敵意之後軍政
初舉之日若國人得以出入彼我使命往來則恐
有匿形毀跡由危歷險或竊符盜信假托姓名以
窺瞷者即須夷塞其關毀折其符以阻其出入勿
通使命以絕其來往惟於廊廟之上君臣嚴密以
治其戰伐之事陰伺敵人開闔之隙動靜無常進
退未決而遂乘之庶衆無疑阻謀不外泄其戰事
克脩動當其機制勝之道無以加諸此也愚謂兩
國用兵間使往來乃其常事今曰無通者蓋恐在
我之使或無知識爲敵鈎取先事而露其機又恐

敵使之來有張孟談之智見微知著探我虛實故也若兵形已成出境之後使在其間又何害焉然亦有通使而得利者如韓世忠撤炊紿魏良臣趙奢善食遣秦間是也故兵有常變不可執一善將者宜審時度勢而行之○或曰無通其使謂不通我之使也若敵有使來則當急納之故下文云敵人開闔必亟入之開闔者言間使也或曰厲揣厲也又曰磨厲也又曰惕厲也或曰誅嚴治也詳之

夫音扶使當間將並去聲已音以紿音殆度音鐸

先其所愛微與之期

此承上雖當密謀亟入猶須微妙示之也所愛謂便利如糧食地利巢穴之類與篇內前所愛義同我欲先據當微露其意與之相期以誘其來蓋敵或不至則雖有利亦無所用故須微露使彼趨之我則後發先至可也○或曰微弱也謂先於敵人所愛必爭之處設伏機巧却以正兵示微弱與之會戰而誘之也或曰微無也言所愛便利之地欲先奪之須潛兵以往無與之相期使知之也或曰微潛也謂潛往赴期不令人知也或曰微密也謂先於敵人所愛幸之臣密令人與之期約有求和

踐墨隨敵以決戰事

委謝之意也。三說皆近於理，未知孰是，姑存之。令平聲

踐墨隨敵，以決戰事。

此與下節以總結前九地之變三句，而大畧言之。踐，履也。墨乃繩墨爲直之器也。言兵之行，雖當由於正法，猶必因敵無常之形，而變化應之，方可以決戰勝之事也。踐墨，如婦人左右前後跪起皆中規矩繩墨是也。○或曰：踐墨當作剗墨，剗，除也，謂用兵者除去繩墨之法，惟運之以心，隨敵有可勝之機，即以決戰之勝事也。或曰：墨，出道也；隨，從也。

言出遲道而從之。恐不及。故當決也。或曰。戰事雖宜速決。然自始及末。須守法制。隨敵而行。縱獲勝亦不擾亂也。俱牽強不必從。剗音産 強上聲

處女脫兎

是故始如處女。敵人開戶。後如脫兎。敵不及拒。處上聲註同不及一本作不敢非

處女者。柔和雅靜。養重閨中。兵之始如之。是示弱以懈敵也。故敵人遂不設備而露其隙。若戶之開焉。脫兎者。失手而逸。其走甚疾。兵之後如之。是發之迅速也。故敵人不虞其速。而倉卒之間拒禦之不及焉。此亦兵之巧處。大史公謂田單守即墨。先

乘城約降後以火牛奔擊燕軍正與此合不其然乎大抵此篇言九地之變屈伸之利人情之理而尤詳於深入之利爲主爲客者信不可不察也故自爲客絕地至末又反覆再申發前意或曰脫兎者謂我之避敵走如脫兎非也又曰如處女踐墨之謂也如脫兎應敵决戰之速也詳之

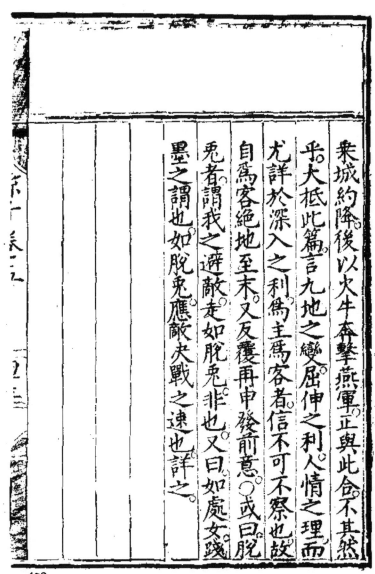

浙江解元鍾吴何守法校音點註

門弟庠生三吴何守禮　標題

門生武舉紹巖王世盛

繼巖王世興

肖乾蘭承恩

調宇陳廷和　同訂正

火攻第十二

火攻者。用火攻敵也。傷人害物。莫此為甚。其原起於魯桓公焚邾婁之咸丘。後世遂有之。但兵爲國之大事。用之已出於不得已。至於火攻。寧非猶不得已者乎。仁人君子必不忍爲。而孫子乃以之次於九地者何。蓋欲使速於戰勝。非火不可。而使姦細潛行於敵以用火。亦非先知九地之形不能也。故次於九地爲第十二。通篇作八節看。自火攻有五至火隊。是言大約有此五者。自行火至日也。是言用火之機。火發四句。是言察風以攻人。凡軍二句。是言守數以自備。故以攻四句。又是因火而言及於水。夫戰勝五句是總言勝則當脩其功。惟明良能之。非利不動至末。則反復極言主將之當慎警。方可以安國全軍也。抑論水火無情。其機難制。人徒知可以攻敵。而不知少有不當焚溺之禍反在於已。要不可專恃之為利者。觀孫子於前篇雖深入死地。而其變化婉轉絕無危辭。獨於此篇重以慎警為戒。譬之醫之用毒切切為病者叮嚀。無亦慮其慘酷敗。第為戰中一事不得不言及之。此所以列於最後。見非常法

火攻有五

也。用兵者盍深思之哉。已音以夫音扶將當並去聲少上聲

孫子曰。凡火攻有五。一曰火人。二曰火積。三曰火輜。四曰火庫。五曰火隊。

火者。焚燒之也。如韓子火其書之火。雖有五曰。原無次序。此言遇敵人之間隙。可用火以攻者。大凡其數有五。一曰火人。謂用火焚其荒穢營柵。以傷殘彼之士卒也。如班超乘夜用火悉燒虜衆。皇甫嵩因風縱火擊破黃巾之類。二曰火積。謂用火焚其平日積蓄。使彼芻糧不足也。如漢高帝遣劉賈渡白馬。燒楚積聚。隋文帝從高熲所獻策。燒陳儲

積之類。三曰火輜。謂用火燒其輜重。即大車所載隨軍之衣糧器仗也。如曹操聽荀攸。御校於間道焚袁紹輜重萬餘輛。王猛遣郭慶起火於晉山。燒盡慕容評輜重而滅之之類。四曰火庫。謂用火燒其府庫。即藏貨財百物之所也。如魯桓公焚邾之庫藏之類。五曰火隊。謂用火燒其隊伍。可因擾亂而擊之也。如陸遜焚先主四十餘營之類。此五者皆軍中所恃。火之則敵失其資。焉能不敗乎。○或曰。器械貨財及軍士衣裝在車中上道未止曰輜。在城與營壘已有止舍曰庫。二者相同。其名異耳。

義通或曰隊兵仗器械也愚以火隊之說明是如今人用火車火箭燒其隊伍若云兵仗器械則上火輜內已有且隊仗在手安得焚之又曰隊當作隧謂燒絕轉運糧食之隧道也學者詳焉（間去聲柵音柵蒿音松頫音胴庫藏藏字去聲巳音以隧音遂）

行火必有因煙火必素具

此至風起之日也乃承上言雖攻之有五先當知用火之法因者因天時燥旱風勢順便或駐營布陣逼近草莽舳艫相接姦人內應皆可行火焚之也煙火者即貯火之器燃火之物如高艾荻葦薪

月在箕壁翼軫四宿風起之日

藥膏油之類。又如兵法所謂火箭火鎗。火鏃火弩火獸火禽之屬。皆須預備。庶伺便可用也。有因。如任圜因康延孝四面樹木為柵而焚之。黃蓋因曹操舳艫首尾相接。可燒而走之類。。或曰。煙火當作煙人。即火盜也。殊不知上有因。內已有。還作煙火之器物為是。舳音軸貯音佇已音以

發火有時。起火有日。時者。天之燥也。日者。月在箕壁翼軫也。四宿者。風起之日也。宿音秀註同

有時有日者。言當候時日。不可偶然妄行也。天燥則火易燎。因風則火易焚。故欲用火。必須值此時

日二者箕龍尾也壁東壁也翼軫鶉尾也又曰箕水豹壁水貐翼火蛇軫水蚓也四宿好風月次其上則風大起陰陽推步位次即知所次之日但其數浩繁未易明耳今姑取李筌太約之法録於後學者詳之其法以周天三百六十五度四分度之一二十八宿四方分之每月二十八日夜一周天一日一夜行十三度少強皆以月中氣日月合宿爲首角十二亢九氐十五房五心五尾十八箕十一東方七宿共七十五度斗二十六牛八女十二虛十危十七室十六壁九北方七宿共九十八度

奎十六婁十二胃十四昴十一畢十六觜二參九西方七宿共八十度井三十三鬼四柳十五星七張十八翼十八軫十七南方七宿共一百一十二度此非是二十八宿正度數但將來做箇約法如此雨水正月中日月合宿在室八度春分二月中日月合宿在奎十四度穀雨三月中日月合宿在昴二度小滿四月中日月合宿在參四度夏至五月中日月合宿在井二十五度大暑六月中日月合宿在星四度處暑七月中日月合宿在翼九度秋分八月中日月合宿在角四度霜降九月中日

月合宿在氐十四度小雪十月中日月合宿在箕二度冬至十一月中日月合宿在斗二十一度大寒十二月中日月合宿在虛五度假如正月雨水一日夜半在室八度至第二日夜半行十三度少強即至壁五度再第三日夜半行十三度少強即至奎九度順行二十八宿每日夜行十三度少強二十八日夜一周天晦朔二日不見餘二月至十二月皆倣此易好並去聲 少強並上聲

今特列正月月之圖爲例

東
角十二 亢九 氐十五 房五 心五 尾十八 箕十一

南
井三十三 鬼四 柳十五 星七 張十八 翼十八 軫十七

西
奎十六 婁十二 胃十四 昴十一 畢十六 觜二 參九

北
斗二十六 牛八 女十二 虛十 危十七 室十六 壁九

或說春丙丁夏戊巳秋壬癸冬甲乙此日有疾風猛雨又占風法取雞羽重八兩掛於五丈竿上以候風雨從來

凡火攻必因五火之變而應之火發於內則早應之於外

此至以時發之承上言用火雖有法猶當乘其機五火即上文人積輜庫隊也變亂動也應之謂不徒恃火以兵相應而乘其無備也苟無變則亦從其所火而勿應矣內敵營之內也言間使既發火於內則敵方自救不暇外顧即當速進兵以攻其

外而切莫遲緩若火闌人定攻之則無益矣故曰早也閒使並去聲

火發而其兵靜者待而勿攻極其火力可從而從之不可從則止舊本火發下無而其二字一本極其作極有從之作攻之皆非

火雖發於內矣敵兵不驚呼而靜者是必先知虞備救應有方或所焚不爲害或火力不甚猛亦當待其有變勿得早進而攻必觀火勢之極有無內變若敵擾亂可從則攻之若終於安靜而不可從則止而不攻也蓋以火攻人者非空以火之威特乘其亂取其向明而已若果安靜火衰內外寂暗

設營中倉卒突出必無獨勝之理故應火雖不可
不速而亦不可以妄應也
火可發於外無待於內以時發之
火極不可從固則止矣若遇敵在荒澤草穢安營
立柵則可以發之於外縱有人在內亦不必待但
須乘時之便而發之蓋少或遲延恐敵先自燒斷
我發火無益也故此時字乃便利之時非比上天
燥之時學者最宜辨悟皇甫嵩因賊依草結營使
人間出圍外縱火而賊皆驚亂敗走是以時發也
匈奴追李陵於大澤上風縱火陵乃燒斷葭葦遂

絕火勢是匈奴不以時也（間去聲　葭音加）

火發上風無攻下風晝風久夜風止

此承上言乘機發火猶當察風以攻之彼火發上風則當順火勢而從上攻之無攻於火之下風如火因東風發不可在西攻敵若攻於西不惟致敵之死鬭恐風疾火熾與敵俱焚勢不便也舉東西而其他可知或曰上下猶言順逆然又須相風之起止焉火之緩急蓋風起於日中必然長久若遇夜起風則至朝而止不能久也此乃陰陽交扇之機造化消息之候然亦有不盡然者良將當默悟

而運之也昔隋江東賊劉元進攻王世充於延陵令抱草東方因風縱火俄而迴風悉燒元進營軍人多死梁太祖次魚木山與朱宣對陣須臾東南風起軍有懼色俄而西北風驟遂令縱火宣軍大破即此可以知風之無常矣孫子言之亦指其大畧耳○或曰久字乃古从字之誤謂晝時有風而發火則以兵從之遇夜有風而發火則止而不從恐彼有伏及乘我故也或曰晝風長久遇夜必止蓋晝起夜息數自然也故老子曰飄風不終朝詳之相拼並去聲从與從同令平聲

凡軍必知五火之變以數守之舊本必知五火作必知有五火

此通承上見火不獨攻人猶當知變數而防人之攻我也言凡在我之軍不可徒以火攻人又必知五火之變動推時日晝夜之度數但遇此風起之候而預備守之斯可以無患矣不然寧能免於焦爛哉魏滿寵征吳敕諸將曰今夕風甚猛賊必來燒我營諸軍皆宜警備夜半果來遂掩襲破走之沈慶之討犬羊諸山蠻緣險築城各穿地於營內朝夕不外汲兼防其火攻頃之風甚蠻果夜下山燒營輒以池水滅之是皆能知變數而守者○或

以火佐攻者明以水佐攻者強

曰以數守之謂須筭星纒之數守風起之日乃可發火不可偶然爲之雖通恐與前月在箕壁翼軫意重且無味或曰既知五火之變當復以數消息其可否將去聲重平聲

故以火佐攻者明以水佐攻者強水可以絕不可以奪

此因火而并及水之大槩以見水亦可用也言水火皆可佐攻火則燔灼之威炳然故曰明水則浩蕩之勢莫禦故曰強但水之功用止可以絕敵之糧道救援奔逸衝突而不可以奪敵之險要蓄積

其不及於火者多也。明。如周瑜遣黃蓋以火攻操延燒北岸。火隨風勢。光焰燭天。強。如關羽知秋霖水必漲溢。移於高阜。預作船筏。乘以進攻是也。○或曰。明。乃心中克知灼見也。非明則不識行火之因。起火之日。內外彼我之勢。何以能佐其攻。強則力足以障決勢。足以又防之謂也。然較其功效。水止能隔絕敵軍。使前後不相及。以取一時之勝。不若火能焚奪敵之積聚。令其至於滅亡也。又曰。不字乃火字之誤。謂水可以絕。火可以奪。二說義同。如韓信決壅囊。水大至。使龍且軍分爲二。因奮擊

大敗之是水可以絶也曹操焚袁紹輜重因使其
敗亡是火可以奪也或曰水止可以隔絶敵人而
已若秉水爭奪其道甚危則不可也如吳明徹堰
決而兵敗是用水不可奪之驗或曰何以見其強
也蓋我以水攻之彼但可絶而渡以避漂蕩之勢
不可奪而有以免沉溺之災此水所以爲強也或
曰敵以水攻我我可以絶之如趙襄子因智伯決
水灌晉陽乃夜殺堤吏而反灌智伯軍不守亦作
火字敵以火攻我我可以奪之如李陵因單于縱
火焚大澤遂先自燒斷而奪却其火勢未知孰是

姑皆存之。令平聲且與苴同

夫戰勝攻取而不脩其功者凶。命曰費留。故曰明主慮之。良將脩之。夫音扶費音廢一本故曰之曰作行文將去聲後皆同

此通承上言勝則當脩其功。惟明良能之。脩論次之謂。即舉也。命名也。夫水火固可以助戰攻。然必勝必取者。則人之功也。若不脩舉其功而行其賞。則人心懈怨。後不用命。勝難以繼。敗即隨之。豈不凶乎。命之曰費留。言其徒費千金。而淹留於外。終莫之成功也。故曰惟明哲之主。能以水火之事。慮之而不忘於心。良能之將。每以勝取之功。脩之而

不惜其賞所以人心感激而無費留之患也項羽使人有功當封刻印刓忍勿能予卒至敗亡垓下是不脩而凶者之戒漢高破楚行賞群臣皆偶語沙中因張良之諫而先封雍齒爲侯是明良慮舉之証○或曰費留是惜費而淹留日久也如此方見不脩其功意亦通或曰脩戢也止而不極之義左傳曰兵猶火也不戢將自焚費謂費財留謂留衆言既戰勝攻取則當自戢其功不然者凶逆也其名爲費耗淹留國患之所由起故明君良將必憂慮脩戢不肯爲窮黷之事也何也水火禍烈天

明良非利不動
明良非得不用

道惡之不得已偶用豈可恃為常勝之術哉刓音頑予即古與字核音該傳惡並去聲已音以
非利不動非得不用非危不戰一本不動作不起
自此至末俱承上水火明良意來見必愼警方能安全也言水火攻人傷害慘毒功雖常脩亦宜詳審而行非果有萬全之利則不可妄於舉動非果得敵家之勝則不可輕於用兵非果值危急之勢則不可蹶於合戰必甚不獲已而後可行也如越句踐欲先吳未發而伐之不聽范蠡行者一不利之諫果敗於夫椒棲於會稽是妄動之戒也趙充國

知羌衆未可即勝上便宜十二請罷騎屯田後果誅先零而罕开自下是不輕用之效也班超因北虜使來其屬將爲豺狼食遂激發三十六人而乘夜舉火鬭殺是危則戰之証也○或曰非利不動謂非有利於民則不動衆也非得不用謂非得所利不費用也又曰非得地得人不用此法也又曰非見敵有可得而不用也又曰非果有得於我也諸說紛紜姑存俟考巳音以蠡音離會音貴騎使並去聲罕开音罕牽

主不可以怒而興師將不可以慍而致戰慍紆問切下同

怒暴忿也慍含怒意此承上三句言出命興師者

主也主不可以一己之私怒而興水火之師統兵致戰者將也將不可以一己之私慍而致水火之戰蓋私怒非為民興則必亡私慍非為國戰則必敗也怒而興師如息侯與鄭伯有違言因而伐鄭君子是以知息之將亡慍而致戰如姚襄怒苻黃眉壓壘而陣因出戰乃為黃眉所敗之類或問將何以不言怒而言慍不言興師而言致戰也愚則以怒盛於慍故以主言慍小於怒故以將言主方可言興師將止可言致戰耳（為民為國為字皆去声）

合於利而動不合於利而止

二句先見九地篇。此雖重出。然詞同而意實不同。承上言不可以怒慍而輕用水火。惟當審詳其理。果合於社稷之利。則可以興師致戰而動。不合於社稷之利。則師不可興。戰不可致而止也。尉繚子曰。兵起非可忿也。見勝則興。不勝則止。即此義。見音現重平聲

怒可以復喜。慍可以復悅。亡國不可以復存。死者不可以復生。

此又解上君將不可任怒慍以興師致戰之意。喜見於面者也。悅得於心者也。夫怒慍可以復喜悅。

安國全軍之道

則亦輕矣然是怒慍乃一己之私也逞之以用水火則謀無素定倉卒而合其殺傷必多未有不亡國而死軍者一或亡死而決不可以復生存則其所係為甚大君將烏得不深致其戒哉見音現夫音扶卒與猝同

故明主慎之良將警之此安國全軍之道也一本缺下有曰字詳之

此又通承上而結言之慎謹戒也警省懼也明哲之主惟能慎則不以怒興師故國可安而無危亡之患良能之將惟能警則不以慍致戰故軍可全

而無死喪之憂道字正指慎警即上非利不動三句也愚按水火之害酷烈慘毒古之聖帝明王安肯用之以漂蕩焚灼俾生民靡有孑遺哉故論者以孫子火攻爲下策誠非無見盖必不戰而屈人之兵斯爲善之善也但春秋戰國以來詭詐相高用之者多矣陸遜火其營黃盖火其舟江逌以鷄數百連以長繩繫火於足以燒羌衆田單以牛數千束刃於角繫火於尾以焚騎刼後周時段韶火弩攻破栢谷後蜀漢時孔明用火燒服南蠻此皆以火而取勝者也韓信決壅囊以斬龍且曹公引

沂泗以灌呂布。陳將軍昭達。因暴雨水張。放木筏衝突陳實應柵。而得以成功。唐太宗堰洛水上流使淺。誘劉黑闥半渡而遂以破滅。此皆因水而取勝者也。故世之將。於孫子之法。固不可不知。但不宜專恃之以爲勝人術耳。觀其篇終有慎警之戒。則微意可識矣。此所以爲深於兵也。喪去聲遒音由且音沮柵音冊

用間第十三間音見去聲篇內皆同

間。諜隙也。謂乘敵人之諜隙。而入之以探其情也。即今之細作。俗名尖哨。又離間敵

人開啓釁疑致彼之敗成我之勝故謂之
間用之之道尤須微密故次於火攻爲第
十三篇通篇作十三節看自興師至七十
萬家是言必有勞民傷財之害自相守至
主也是甚言日久不能用間之非自故明
君至先知也是言君子用間成功自先知
至情者也是言知情由於用間自故用間
至實也是舉間之名而稱其貴自因間至
反報也是隨間之名而釋其義故三軍四
句是承上言間之當重非聖智三句是又

明用間之不易妙哉二句是贊其至妙當用間事末二句是戒其漏泄當刑凡軍之至厚也則詳言用間之法全在厚反間昔殷之至大功則引言上智之人可以成大功末則承上吃緊言以終一篇意也蓋行兵之道其措勝也貴在先知若欲先知敵情非乘間而探之不可是以當用也然自古皆有用之實難蓋因人之忠邪難辨也才之能否難定也言之虛實難察也事之有無難憑也初意用之本欲其報我而間

彼一不當焉則或餌敵之賄而私爲之輸情行詭者有之或受我之托未能得眞無以反命而懷懼不歸者有之苟非聖智仁義微妙鮮不失之偏聽誤投而至於敗矣故必自始訖至火攻使其習熟方可明言且中間篇篇皆有用間之意特又列之於終以爲總括若究其所以然則實非言語文字之能傳要在巧者之自悟也孫子雖精安得而詳及之歟

孫子曰凡興師十萬出征千里百姓之費公家之奉

日費千金內外騷動怠於道路不得操事者七十萬家。費去聲 操平聲

此先言師之一興必傷財勞民以默寓閒之當用意十萬千里皆大約言之春秋時列侯相吞各據大國故非十萬不能爲敵非千里無以深入也日費千金亦是總約百姓公家費奉之數而言師既十萬非千金不足用也內國中也外軍前也騷動者或飛輓或披執無一息之寧也怠疲也怠於道路乃轉輸之人也事農事不得操者七十萬家蓋古者八家同井內抽一夫從軍凡車乘牛馬芻糧

之類皆七十萬家給之故十萬出征有七十萬家不得安息也所費若是之多而百姓若是之苦如此或問兵法重地則掠今怠於道路而轉輸何也愚則以爲掠敵者謂踐敵境則當掠以備其乏非謂專館穀於敵也又有磧鹵之地無糧可因得不自餉乎抑且所謂轉輸者器用亦在其中切不可泥於掠敵之說而止以糧食言也乘泥並去聲磧鹵音責魯

相守數年以爭一日之勝而愛爵祿百金不知敵之情者不仁之至也非人之將也非主之佐也非勝之主也將去聲篇內皆同一本非主之佐作非仁之佐詳之

此承上言持久求勝。而反吝小昧情。是君將皆失也。相守數年。時之久也。以爭一日之勝。非真勝也。言勞民傷財。曠日持久。僅得一日之勝。庶可保民而利主也。故於此時。正宜懸爵祿以待人。出百金以賞士。使之盡力探敵情告我。而收其全功。亦不爲過。乃愛惜爵祿百金。不能厚間以知敵情。是徒知吝小費。而更不念數年之費。何其憒也。夫不知敵情之虛實。則不能取勝。將見騷動不得操事者。無窮極矣。故自其忍心害物。則爲不仁之至也。自其不善于用兵。則非軍人之將也。自其不能輔國。則

明君賢將動
而勝人
明君賢將成
功出於衆

非人主之佐也自其不能充敵則非制勝之主也
莫昧於用間而貽禍之深遠如此勤勤言者嘆惜
之耳漢高以黃金四萬斤與陳平恣其所爲不問
出入乎多用金縱反間於楚是不愛百金之效項
王使人有功當封刻印刓忍弗能予是愛爵祿之
失得失昭然成敗頓異君將宜法之戒之更去聲夫音扶
刓音頑
故明君賢將所以動而勝人成功出於衆者先知也
此言惟明君賢將能用間以成功明君智足以燭
幾者也賢將才足以立事者也所以不動則已舉

先知者必取於人

動之間皆有以勝人而成就之功業超出於群衆者正以其不吝爵賞先能知敵情故也如周韋孝寬鎮工壁遣間諜入齊皆爲盡力亦有齊得孝寬金貨遥通書疏故齊之動静皆先知之又李達都督義州弘農等每厚撫境外之人使爲間諜故敵中動静必先知之是也○或曰成功點斷作句出於衆無上勝與成功言又曰主不妄動動必勝人將不苟功功必出衆兩分講可也恐皆不妥已音以斷音段

先知者不可取於鬼神不可象於事不可驗於度必

取於人知敵之情者也一本人下有而字情下無者字非

此明上君將先知敵情必由於用間以為起下之端鬼神無形與聲取者禱祀卜筮也事行過之事象比類也度天之度數驗推求也三者皆不可以知敵情者蓋鬼神溺於虛無事務涉於已往度數拘於形迹故皆不可惟取諸彼我之人而善用之然後得間之報可以知敵之動靜虛實之情也鬼神事度何益哉夫由前觀之不用間者為不仁由此觀之能用間者為先知則間之當用亦明矣○

或曰度數也夫長短廣狹遠近大小即可驗之人

用間有五

五間莫知其道

神紀人君之寶

之情僞度不能知也大畧義與前同又曰人下有而字連知敵作一句讀詳之巳音以夫音扶

故用間有五有因間有內間有反間有死間有生間

此五間之名也釋義見後舊本因間作鄉間故下文之鄉間可得而使今從之

五間俱起莫知其道是謂神紀人君之寶也

此贊五間之妙俱起者循環而用也道即用間幾微之道敵人莫測則妙如神明之紀事洞燭幾先至幽至靈而不爽可以先知敵情以取勝誠為人君所貴重之寶也蓋間諜多岐則能參伍其術錯

綜其言敵又不能測度則惟吾所行而莫之禦師出必勝人君安得而不寶之故荀卿曰窺敵觀變欲潛以深欲伍以參正此理也○或曰俱起者因五人而同時俱遣也莫知者不止於敵謂凡他人皆不測也或曰敵因五間既無遺情而又不知情泄形露之道是謂神妙之紀綱人君之重寶也此以神紀與寶平看徵與前說不同又曰紀理也言敵莫知我以何道如通神理也覺皆未妥詳之度音鐸

因間者因其鄉人而用之

此至反報也釋五間名之義因敵國鄉邑之人能知敵中之事者厚撫之以為吾用使通報其真情故曰因間如晉祖逖鎮雍州令諸塢感恩密報而知胡之舉圖韋孝寬鎮玉壁以金帛誘其遙通而知齊之動靜之類愚謂若未得受賄陰通之人雖所俘獲者不藏機而佯用之如武穆之誤認為張斌或詭詞而偶縱之如岑彭之潛兵渡沔水皆似因鄉人而用之意令平聲

內間者因其官人而用之

敵之官人不同有寵嬖而貪貨者有親近而嫉妬

者亦有賢而失職者有過而被刑者有屈在下位者有不得任用者有因喪敗欲展己能者有翻覆變詐常持二心者有戮辱之子與受罰之家中藏怨恨者此皆可潛通問遺厚貺金帛因而用之使探彼國之情及謀我之事復間其君臣乖其指引也故曰內間如越王之賂大宰嚭吳王之納伍子胥楚王之納伯州犁晉侯之納苗賁皇秦人之納隨士會王莽之賄趙郭開曹操之用謀臣許攸世充之啗建德諸將皆是也嬖音閉喪去聲戮音六嚭音丕

反間者因其敵間而用之

敵有間來探我事情我索得之遂重賂厚禮示怯示弱告以僞詞或佯爲不知待之踈慢誑以虛事使之歸報則反爲我利故曰反間如趙奢善食秦間陳平佯驚楚使又田單之反間樂毅應侯之反間廉頗皆是也楚使之使音四

死間者爲誑事於外令吾間知之而傳於敵間也令平聲下皆同

死間是至敵必遭殺者也故爲上者不忍其死之無辜必以所獲敵人或叛亡軍士或有罪當刑戮者爲之假貸其死加以賞賜厚於撫養使之不疑

然後用之爲誑事者謂詐立事迹佯爲漏泄令吾間知之而私傳於敵以爲間敵必從而信之及吾所行與所告者不同則敵必敗而間必死矣故曰死間或又曰所遣之事本是虛誑已令吾間知之及其既行却又佯傳泄於敵人之間吾間至彼被擒間知泄漏必甚畏懼必直告以所遣之因敵遂以爲實事而殺之或併殺其賢能之人腹心之將如趙宋曹大尉嘗貸人死使僞爲僧吞蠟丸入西夏至則爲其所因僧以丸告即下之開讀乃遺彼謀臣約期内應書也西夏主怒誅其臣并殺間僧

是也。此說亦有理。大抵死間之事非一端。彼我本欲攻取。乃遣間先行約和。及敵解其守備。不虞兵至。遂乘隙襲破之。其間使必然被殺。酈生見烹於田橫。唐儉受誅於突厥。事亦相類。又若我本欲求戰。乃遣間紿以將遁。及敵信其所言。來掩我軍。遂分兵奮擊之。其間使難於保全。五代梁帝用高季昌假遁之奇。遣馬景堅誘岐人來攻而取勝。義亦相近。他如本有糧也。而誑言糧盡。如武穆陰縱李成之諜。本欲趨也。而詭爲增壘。如趙奢善遣秦將之間。本欲攻其要城。而誑作潛往他處。如岑彭申令擊山都而緩其所獲歸告遂潛兵渡沔本虞寡弱欲還而誑爲強盛形狀如道濟夜唱籌量沙而魏斬妄報降者遂潛軍而返凡此四者雖非專用死間要亦爲誑事於外之義也故幷錄之○又一說傳於敵間謂以誑事傳之於敵以爲間也蓋明言使之以欺誑敵人則士無敢往者故惟爲之於外使知而傳之也亦通使去聲酈音歷紿音怠量平聲降音抗

生間者反報也

生間謂出使於敵通和無害者須擇內明外愚形劣氣壯趫捷勁勇閑於鄙事能忍饑寒垢恥之士

為之庶可身則公行心乃私覘僞通好於敵之覘
貴察其動靜計策往來通報不被殺害也故曰生
間如華元登子反之牀要其退去三十里而反告
宋君婁敬知匈奴之強具以示弱爲詐而反告漢
高是也然生間之事亦多或以欲退告敵以戰若
秦行人夜戒晉師曰來日請相見臾駢曰使者目
動而言肆懼我也秦果夜遁或已欲戰告敵以退
若呂延攻乞伏乾歸大敗之乾歸乃遣間稱東奔
成紀延信而追之耿稚曰告者視高而色動必有
姦計延不從遂爲所敗此雖生間其虛實之情亦

在善兵者察之也。故併錄。○或曰。生間當用多智彗。有才口。尚義氣者為之。至於僧道技藝之人亦可。使去聲趫捷音喬絕覘昌焰切要音腰骿音便平聲彗音惠

故三軍之事。莫親於間。賞莫厚於間。事莫密於間。舊本三軍之三箇字作衍文又一本事作士又一本莫親上復有一親字又一本密作審學者詳之

此承上總是言間使不可不重。三軍之事。三軍中所行事務也。雖其衆皆當親撫。獨於間者以腹心相委。則其交好。莫有最親於此者也。雖其餘皆當賞賜。獨於間者欲效忠於我。則其犒勞。莫有最厚於此者也。雖其事皆當秘密。獨於間者恐泄必害

成則其隱藏莫有最密於此者也故主帥宜超格
以待之而後可否則安能得其心使之用命而成
功哉如趙元昊有將號野利王天都王凡所取勝
皆其計策种世衡方城青澗欲謀去之偶見僧王
嵩堅朴乃先加官厚賜以結其心然後草遺野利
王書內數句隱詞如常有私約而勸其速行意書
蠟以置衲衣閒密縫之告嵩非瀕死不得泄如泄
之當以負恩不能成事爲言嵩感其恩果甘受極
苦允行元昊墮計復遣人詐爲野利王使探之世
衡知計成愈厚待其使因罵元昊而致囑無遷野

非聖智不能用閒
非仁義不能使閒

利遂遇害世衡更爲文祭於境上詞連天都王亦與相結書之於版伺虜至佯棄之元昊知而并罷天都王死此若非世衡之親厚王嵩誰爲行計而去此二將以致元昊無助求和也又世衡忽怒杖一番落僚屬諸莫得其人杖已即奔元昊果爲元昊親信出入歲餘得彼中機事歸告衆方知其爲閒此見世衡之容也或曰莫親者謂受詞指縱在於臥內也使勞將並去聲昊音浩种音衝嵩音松已音以

非聖智不能用閒非仁義不能使閒非微妙不能得閒之實。

非微妙不能
得間之實

此又明用間之不易用者謀之於始而未發於彼
之時也使者已發於此而行之於彼之時也得者
間言彼之情而我聽之審也聖則無所不通智則
無所不知然後能以事權間敵非此則無以張情
布形與駕詞構事極於深巧而出人意料故不能
行用也仁則主於恩施義則主於果斷然後能使
間之盡力以探敵非此則爵賞無以結其心裁制
無以決其惑彼此猜疑攜貳反覆故不能役使也
微則察之精妙則見之敏然後能得間使之實情
非此則粗疏躁妄忽於聽聞故不能有得也蓋間

雖我之所使亦有貪敵貨財而反爲彼用或不得彼之實情而但將虛詞赴我約者是以當淵微精妙以察其虛實不宜遽然信之也然則行間使間聽間豈可易哉用間如張良知秦將之可啗陳平知楚王之可疑是也使間如漢高與陳平以黃金遣酈生以說齊是也不得間實如秦將信間言不得趙奢後發先至之實楚王聽使言不得陳平離間范增之實是也愚謂間須聖智微妙固矣若仁義之道乃王者之所以懷諸侯而服萬國者也何以施之於間要之孫子十二篇中止有始計言仁

字並無仁義兼言者此獨揭之盖亦假借詭譎之詞耳聖賢全體之仁義烏足以知之宋儒謂之假仁義使權謀不益信夫○或曰非聖智則無以辨人之賢愚邪正故不能用間也此說用字覺與使字同或曰仁結其心義激其節非此則人不用命故難使間也此以義字作激勵說或曰間者必性識微妙斯能得所間之事實非此不能也此以微妙作間使身上說將去聲啗音淡酈音歷說音稅夫音扶

微哉微哉無所不用間也

此贊間之至妙用之貴廣也微哉微哉乃重言間

事微而又微極其深與無一顯示意夫知彼之機制我之勝皆資於間故無所不用而後先知之道可盡也大抵主將與間不可相疑將疑間必有覆舟之禍間疑將亦有噬臍之凶故秦使張儀去國相魏數年不疑反遣陰厚漢使陳平捐金離楚恣其所用不問出入皆知此義者是以間之微妙真若擊隼之入重林無其踪游魚之入深潭無其迹離婁俛首不見其形師曠傾耳不聞其音也孰得而窺之乎重平聲夫音扶將
間並去聲隼音損

間事未發而先聞者間與所告者皆死新本間與作
聞與雖通恐

非孫子旨

此承上勉將當戒嚴於間通後皆言用間之法間間使也告者告於我即先聞之人也夫間事貴密然所以使之密者非嚴刑不可也苟行間之事謀定未發而先聞則必間者之泄矣故當殺之而并殺聞而告者蓋恐其復傳於衆須殺之以滅其口也於此可以觀間之重矣故曰削其稟焚其草鉗其口結其舌也如秦間趙王不用廉頗乃以白起爲將令軍中有泄武安君者斬此是已發尚不容泄況未發乎故間當首誅聞而來告者亦難免誅

間之罪必併殺之斯人知戒密也將令並去聲夫音扶已音以
凡軍之所欲擊城之所欲攻人之所欲殺必先知其守將左右謁者門者舍人之姓名令吾間必索知之舍去聲索音色下同註皆同
守將防禦之將左右任事之輩謁者典賓客之官門者主閽鑰之吏舍人守舍宇之人言凡欲擊軍攻城殺人必當先審知此等人之姓名為誰何故令吾間必索知之然後可因機設謀潛入以行間慎不可臨事而求也如宋華元夜入楚軍登子反之牀以告宋病與之結盟而軍退若非先知何能

自通故杜元凱註引此文謂元能用之也○或曰非但知其姓名凡賢愚巧拙皆當探知庶可量材而以吾人應焉此云姓名特舉其槩耳如漢王遣韓信曹參灌嬰擊魏曰大將栢直口尚乳臭不能當韓信騎將馮敬雖賢不能當灌嬰步將項它不能當曹參之類詳之凱音慨量去聲

必索敵間之來間我者因而利之導而舍之故反間可得而用也新本敵下有人之二字來上無之字又一本敵間作敵人導作道用作使皆非

導引也舍居止也言我欲用間間人則人亦用間間我且敵中之人與事皆一一求知於吾間誠有

難者。又必搜索敵使之來間我者。因而利之以誘
其心。導而舍之以安其所則淹留既久論事必多。
不惟能察敵之情。亦可虛其詞說詐其形勢使之
歸報此之謂反間可得而用者。猶爲我之間。蓋全
資於利與舍也。否則心不動。身不久安得而用之
乎。○或曰。舍音捨導而舍之。是導之以僞言僞事。
而縱放遣去之使歸報也。如趙奢善食秦間而方
遣之類。愚則以下文所言四間皆因反間而知若
非久留其人。極論其事。則何以悉知。故決當以舍
爲館舍居止。而置舍去之義於後可也。使去聲

因是而知之故鄉間內間可得而使也因是而知之故死間爲誑事可使告敵因是而知之故生間可使如期。

是字指反間因是而知之三句俱承上文言因反間之受賄止舍而知敵國之人與處誑之事謀我之情也故凡鄉人之貪利熟於事者官人之有隙懷怨或姦貪攜貳者皆可誘而使之爲吾間也死間爲誑事於外者能切中敵人之私可使告之致其信則計無不行也生間往來其間者能深知敵人之情可使如期以歸報則消息易通也○或曰

因是而知之謂敵之間以利導之尚可用爲我反間因是而知四者之間亦可以厚利使之也此見使間非利不可故上文有相守數年至非勝之主也之說（中易並去聲）

五間之事主必知之知之必在於反間故反間不可不厚也

此又結上文之意而申之五間之事爲主者必宜知之不知不可以用也然知之之道非他間所能得必於反間反間得而其餘四間可因以使故反間不可不嗇以厚利而使歸心於我也大抵遣我

之間以間人不若因人之間以為間何也上智之人常少不才之人常多慊慨之事常難苟免之事常易間者至敵有良金美女在其前後有刀鋸鼎鑊在其左右畏死貪榮貳心交併則將盡吐隱諱以告人者有之縱有過人口才不至降伏甲受敵人巧伺鉤致言語既多不無隙露形迹是以之間人而反以之報人也用間為難其在此乎孫子深知其故所以勤勤示人以反間當重也啗音淡少上聲易去聲降音抗

昔殷之興也伊摯在夏周之興也呂牙在殷摯音至

此至末引古以明間雖當用之必上智方可成功動衆也殷者湯有天下初號爲商後盤庚改爲殷故亦曰殷伊摯即伊尹也夏者禹有天下之號傳至桀之時也周者武王有天下之號吕牙即姜尚太公望也從其封故曰吕在殷者謂紂之時也言求之古昔殷湯之興非即能興也因伊尹五就於桀而不見用則在夏而已得夏之情故能相湯放桀以興殷周武之興亦非即能興也因太公初居朝歌而爲狂夫則在殷而已得殷之情故能相武王伐紂以興周否則湯何以悉夏之惡而武何以

審殷之罪耶附夏商周世家夏姓姒氏其先黃帝生昌意昌意生顓頊顓頊生鯀鯀生禹舜舉禹爲司空治水有功後受舜禪有天下號曰夏都安邑傳至桀共一十七王合四百三十二年爲湯所滅

○商乃黃帝之後其先帝妃簡狄見玄鳥墮卵而吞之遂生契爲舜司徒教民有功封於商賜姓子氏契生昭明昭明生相土相土十一代孫天乙是爲成湯舉用伊尹爲相伐夏救民遂放桀南巢有天下號曰商都於亳仲丁遷囂河亶甲遷相祖乙遷耿盤庚復遷於亳至紂共傳三十王合六百二

十八年為周所滅○周姓姬氏黄帝之後其先帝妃有邰氏女姜源為帝嚳元妃見大人跡履之感而有娠生子名棄舜舉為后稷教民稼穡封於邰以主姜源之祀其子不窋失其官守而竄於西戎之間不窋生鞠陶鞠陶生公劉乃相土地之宜而立國於邠之谷焉至太王遷於岐山文王又遷於豐武王克商有天下號曰周遷都於鎬至幽王為犬戎所弒子平王宜臼遷都王城宋之河南府是也敬王又遷故周宋之洛陽縣是也傳至赧王共三十七王合八百六十七年為秦所滅○愚意伊

呂聖人之耦豈爲人間哉但攄其往來之迹有似
於間故孫子特引之不過明五間之用非如伊呂
之才智者不可用之意蓋重間之詞耳其實伊尹
之五就欲行其道非作湯之反間武王伐紂受命
於天亦非太公以陰詭告之今孫子忽有此說者
必春秋遊說之士討竊聖人以自盖故假爲無根
之說也殊不知以聖人而待反間則失之太厚以
反間而待聖人則失之太薄一言兩失其爲不知
甚矣所以然者良由學其所學而不知有聖人之
大道也若鄭有賢役以伊不在夏不能成湯之美

呂不在殷不能成武之德非為間於夏殷而何惟處之有道而卒歸於正則亦無害於聖人也如此說是必欲指伊呂真為間以侏儒而釋侏儒其失愈遠嗚呼知德者鮮詐不盡信矣夫○或問伊呂不為間則吾既得聞命矣然終於歸湯武而放桀伐紂者何也愚應之曰伊呂為天下之心無窮也就桀而桀不能用則不得不歸湯居殷而殷不能用則不得不歸武故其順天應人以奠商周之開者非有私於湯武也勢與心違不獲已也若桀紂不用而遂忘情於天下又何以謂之聖人此尚論

者先當諒其心慎勿泥其迹而以伯州犂之奔楚苗賁皇之適晉狐庸之在吳士會之在秦者例視之也雖然殷周之興亦自湯之三使往聘武之尊爲尚父致之否則伊呂將耕夫於畎畝釣叟於渭濱以終其身而已悪肯苟就哉此又其出處之正所以爲聖人也然則忘君事讐枉道求合者縱有所成亦藐乎其卑胡可同年而語

巳音以相湯相武相字並去聲妣音自顓頊音占畜鯀音滾司空空字上聲卯音鸞上聲契音雪亳音薄嚳音谷窋音竹鎬音皓曰音舅遊說之說音稅不知甚之知與智同處上聲夫音扶爲天下爲字去聲三使之使音四悪與烏同

明君賢將以上智爲間明君賢將必成大功

故明君賢將能以上智爲間者必成大功新本以上無能字非

言明君賢將有知人之哲故能得上智之人以爲間得夫上智則敵之情可盡知而不爲利合之所誘故必成非常之大功於天下此見非上智不可以成功縱成亦卑小者耳○嗚呼孫子以上智爲間固矣然上智者不可以易得下而如貌雖陋而心實智身雖小而膽實大言語雖遲滯而識見則敏速形體雖萎靡而膂力則剛强者亦皆可用之人此在主將能知而擇之篤馭而厚待之蓄於平時庶得用於臨事也故觀於始計篇曰道者令民

與上同意。可與之死。可與之生。而不畏危也。

此兵之要。三軍所恃而動也。

國家圖書館出版品預行編目資料

孫子音注／（明）何守法注釋；李浴日選輯. --
初版. -- 新北市：華夏出版有限公司, 2022.02
面；　公分. -- (中國兵學大系；02)
ISBN 978-986-0799-36-1(平裝)
1.孫子兵法 2.注釋

592.092　110014347

中國兵學大系 002
孫子音注

注　釋　（明）何守法
選　輯　李浴日
印　刷　百通科技股份有限公司
電話：02-86926066 傳真：02-86926016
出　版　華夏出版有限公司
220 新北市板橋區縣民大道 3 段 93 巷 30 弄 25 號 1 樓
電話：02-32343788　傳真：02-22234544
E-mail：pftwsdom@ms7.hinet.net
總 經 銷　貿騰發賣股份有限公司
新北市 235 中和區立德街 136 號 6 樓
電話：02-82275988　傳真：02-82275989
網址：www.namode.com
版　次　2022 年 2 月初版一刷
特　價　新臺幣 800 元 (缺頁或破損的書，請寄回更換)

ISBN-13：978-986-0799-36-1

《中國兵學大系：孫子音注》由李浴日紀念基金會 Lee Yu-Ri Memorial Foundation 同意華夏出版有限公司出版繁體字版